切换模糊系统的稳定性与鲁棒控制理论

杨 红 著

东北大学出版社
·沈 阳·

图书在版编目（CIP）数据

切换模糊系统的稳定性与鲁棒控制理论 / 杨红著. — 沈阳：东北大学出版社，2012.10

ISBN 978-7-5517-0236-2

Ⅰ.①切… Ⅱ.①杨… Ⅲ.①模糊系统—稳定性—鲁棒控制 Ⅳ.①N94②TP273

中国版本图书馆 CIP 数据核字（2012）第 250990 号

出 版 者：东北大学出版社
地址：沈阳市和平区文化路 3 号巷 11 号
邮编：110004
电话：024－83687331（市场部）　83680267（社务室）
传真：024－83680180（市场部）　83680265（社务室）
E-mail：neuph@neupress.com
http：//www.neupress.com
印 刷 者：沈阳市第二市政建设公司印刷厂
发 行 者：东北大学出版社
幅面尺寸：170mm×228mm
印　　张：8
字　　数：135 千字
出版时间：2012 年 11 月第 1 版
印刷时间：2012 年 11 月第 1 次印刷
责任编辑：张德喜　王延霞
封面设计：刘江旸
责任校对：北　辰
责任出版：唐敏志

ISBN 978-7-5517-0236-2
定　　价：20.00 元

前　言

切换模糊系统(switched fuzzy systems)是一类新型的重要的混杂系统，是以切换系统理论和模糊系统理论为基础的新型控制系统.因此它是一种更为复杂的混杂系统.切换系统是在连续变量系统中恰当地引入离散事件，通过连续控制和离散控制的相互作用，使之对系统的控制更加灵活.另外，T-S模糊系统通过模糊规则给出非线性系统的局部线性表示，它可以逼近很大一类非线性系统.T-S模糊系统是基于模型的模糊控制研究平台的最流行、最有前途的方法之一，许多模糊控制专家对此也进行了深入研究.切换模糊系统结合了切换系统和模糊系统的特性，能更准确地刻画实际系统中模糊特性、连续动态和离散动态的相互作用及运动行为.

本书围绕切换模糊系统的控制理论与控制技术的基本问题和研究热点问题，结合笔者几年来的研究与教学成果和体会，系统地阐述了切换模糊控制中的主要概念、典型问题、热点问题、分析方法、控制理论与控制技术以及发展趋势.

全书共分7章.第1章论述混杂动态系统、切换系统、模糊控制系统、切换模糊系统的研究背景、研究方法以及发展状况.第2章讨论一类切换模糊系统模型及其渐近稳定性.第3章给出模糊系统和具有不确定性的模糊系统的混杂控制.第4章在第2章的基础上，分别就连续切换模糊系统和离散模糊系统两种类型的系统，提出了松弛稳定性.第5章进一步研究切换模糊系统状态反馈H_∞鲁棒控制问题.第6章探讨不确定切换模糊系统和带有扰动的不确定切换模糊系统的鲁棒控制器的设计问题.第7章给出具有不确定性的切换模糊系统的鲁棒镇定问题和一类具有不确定性的切换模糊系统的鲁棒自适应跟踪控制问题.

在编著过程中，本书得到了国家自然科学基金（61004039）、辽宁省高等学校杰出青年学者成长计划基金（L2011127）的资助，还得到了东北大学出版社的大力帮助. 研究生吕欢欢、陶冠男做了大量的资料收集、整理工作. 在此一并表示衷心的感谢.

由于作者水平有限，书中的疏漏之处在所难免，敬请专家和读者不吝赐教.

杨　红

2012 年 7 月

目　　录

第1章 绪 论

1.1 混杂系统概述

混杂动态系统(hybrid dynamical systems)是同时包含连续变量动态和离散事件动态及其相互作用的复杂系统[1]. 现代计算机等数字控制技术应用于连续系统、分布式控制系统、嵌入式系统等人工复杂系统的发展，一些系统本身的不连续性，如根据系统连续变量的变化和离散事件的发生对系统控制的情况，都是混杂动态系统受到重视的原因. 对于混杂动态系统，迄今还没有统一的定义. 然而一个混杂动态系统的不同部分可以表现出几种动态行为，连续变量动态系统常用微分方程或差分方程的模型建模并服从连续系统的运动规律，离散事件过程一般用逻辑模型建模并服从离散事件系统的演变规律. 整个混杂动态系统的演化过程是两者相互作用的结果.

第一篇研究混杂系统的文献出现于1966年[2]. 1979年，瑞典人Cellier第一个引入混杂系统结构的概念，把系统分为离散、连续和接口三个部分[3]. 1989年，Gollu针对计算机磁盘驱动器模型引入混杂系统的概念，把连续部分和接口部分结合起来进行研究[4]. 由于混杂系统的种类繁多、范围广泛，因此，对于混杂系统的研究，需要集控制、数学、辨识、计算机科学、人工智能等多领域多学科的理论和技术方法才可能获得突破. 一批来自数学、计算机科学、控制工程等领域的科学家对混杂系统的研究和发展作出了杰出的贡献，如A. Nerode，P. J. Antsaklis，J. A. Stiver，M. S. Branicky，P. Peleties，R. Alur，W. Kohn，C. G. Cassandras，R. L. Grossman，M. D. Lemmon，B. Lennartson，T. A. Henzinger和P. Varaiya等. 国际控制杂志《IEEE AC》在1998年、《Automatica》在1999年、《System & Control Letters》在1999年、《International Journal of Control》在

2002 年分别出版了混杂动态系统的专刊. 国际主要控制会议，如 ACC 和 CDC，每年也都举办专题会议和邀请会议.

混杂动态系统的提出，是现代控制理论和计算机技术等高新技术发展的结果，特别是计算机信息处理速度的不断提高、存储量的增加以及多任务实时处理功能和通信功能的提高，使计算机数字技术广泛应用于通信网络、现代工业生产制造系统、交通系统、军事系统等大规模复杂系统[5-11]. 这些应用突破了计算机单纯代替模拟控制装置的局限，也突破了计算机只作为控制单元的单一功能，而是集控制、调度、管理、总体优化等于一体的多任务和多功能的控制和决策. 计算机被拓展到连续加工过程和连续处理过程，如石油化工、冶金等连续工业的生产和调度，供电网的监控和调度，城市交通系统的指挥和监控，飞机和巡航导弹中基于计算机和其他复杂信息处理装置的决策和高精度控制[6-10]. 这些重要的工程和军事问题，促进了对同时包含相互作用的连续变量过程和离散事件过程的混杂动态系统的研究. 混杂系统理论已发展成为现代控制理论的一个崭新的研究领域.

一般来说，混杂动态系统应当有如下特点：

① 系统同时包含按照连续变量系统规律变化的连续变量和按照离散事件系统规律演化的离散事件，整个系统的演化过程是一个混杂的运动过程；

② 系统中的连续变量和离散事件之间存在依据某种规律或规则的相互作用，连续状态的变化过程和离散事件的演化过程相互制约；

③ 一般来说，系统的状态是随时间演化的，系统具有一个动态系统的基本特征.

与连续动态系统和离散事件系统不尽相同，混杂动态系统有自身的特点. 首先，混杂动态系统不能不考虑系统的连续状态特性而简单地归结为对离散事件系统的研究，因为系统的连续状态变量对离散事件的演化有作用. 同时，混杂动态系统也不能离开对离散事件演化过程的研究而只研究连续动态系统，因为系统连续状态的变化既受离散事件的控制和制约，也对系统的离散事件的演变起控制和制约作用. 混杂动态系统的提出和发展是对复杂大系统研究的结果，其模型的复杂性大为增加. 在连续过程的计算机控制中，对大规模复杂系统的整体性能要求越来越高，传统的控制方法将受到限制，而用连续变量动态系统和离散事件动态系统的混杂动态模型来分析、研究实际系统有相当的灵活性．如光滑非线性动态系统的镇定，可通过非光滑的离散事件动态系统模型控制器来实现．有约束的连续变量动态系统的最优控制中，控制器是呈离散时刻跳跃变化的开关型控制器[8-9]．

一个混杂动态系统 $H=(\mathbf{R}^n\times M,\ \mathbf{R}^p\times\Sigma,\ f,\ \phi)$ 由以下三个部分组成[12]：

① 非空集合 $\mathbf{R}^n\times M$ 为 H 的混杂状态空间；

② 集合 $\mathbf{R}^p\times\Sigma$ 为 H 的输入空间；

③ 函数 f：$D_f\subseteq\mathbf{R}^n\times M\times\mathbf{R}^p\to\mathbf{R}^n$ 和 ϕ：$D_\phi\subseteq\mathbf{R}^n\times M\times\mathbf{R}^p\times\Sigma\to M$，其中

$$\dot{\boldsymbol{x}}(t)=f(\boldsymbol{x}(t),\ \boldsymbol{m}(t),\ \boldsymbol{u}(t))$$
$$\boldsymbol{m}^+(t)=\phi(\boldsymbol{x}(t),\ \boldsymbol{m}(t),\ \boldsymbol{u}(t),\ \boldsymbol{\sigma}(t))$$

式中，$\boldsymbol{x}(t)\in\mathbf{R}^n$ 为连续状态变量，$\boldsymbol{m}(t)\in M$ 为离散状态变量，$\boldsymbol{u}(t)\in\mathbf{R}^p$ 为连续输入，$\boldsymbol{\sigma}(t)\in\Sigma$ 为离散输入．

一个带有输出的混杂系统除上面的三个组成部分外，还包括以下两个部分：

① 称集合 $\mathbf{R}^q\times O$ 为 H 的输出空间；

② 输出关系 g：$D_g\subseteq\mathbf{R}^n\times M\times\mathbf{R}^p\to\mathbf{R}^q$ 和 φ：$D_\varphi\subseteq\mathbf{R}^n\times M\times R^p\times\Sigma\to O$，其中

$$\boldsymbol{y}(t)=g(\boldsymbol{x}(t),\ \boldsymbol{m}(t),\ \boldsymbol{u}(t))$$
$$\boldsymbol{o}^+(t)=\varphi(\boldsymbol{x}(t),\ \boldsymbol{m}(t),\ \boldsymbol{u}(t),\ \boldsymbol{\sigma}(t))$$

式中，$\boldsymbol{y}(t)\in\mathbf{R}^q$ 为连续输出，$\boldsymbol{o}$ 为离散输出．

混杂系统的框图如图 1.1 所示．其中，$\boldsymbol{m}\uparrow$ 和 $\boldsymbol{x}\downarrow$ 表示连续状态和离散状态及连续控制和离散控制之间的相互作用．

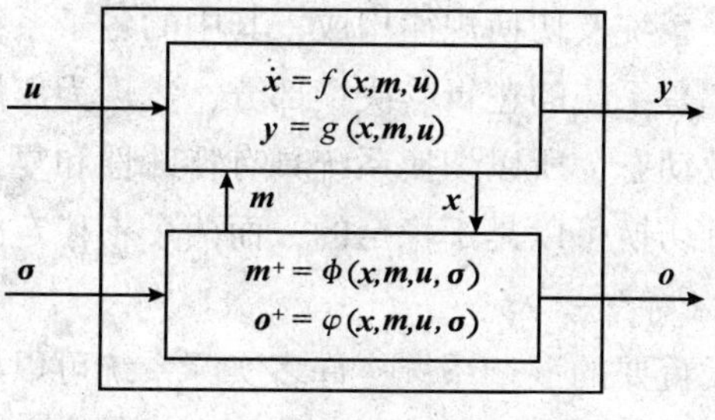

图 1.1　混杂系统的框图

大量的研究结果和实例[5-11]表明，在连续变量系统中恰当引入离散事件构成混杂系统，虽然对系统的分析带来一些不便，但常常可更加准确地描述实际系统，并且对系统的控制更加灵活.

1.2　切换系统的特性及发展状况

切换系统是混杂动态系统中一类有影响的重要系统．切换系统的特点是包含有限个子系统或动态模型，同时附加一个切换规律(又称为切换律或切换策略)，使之在子系统之间进行切换．切换律较常用的表达形式是切换序列.

图 1.2 为切换系统的一个简单示意图．其中，k 为切换开关，在子系统 1 至子系统 m 之间，按照切换律进行切换．这里的切换律是离散动态模型，而子系统 1 至子系统 m 为连续动态模型.

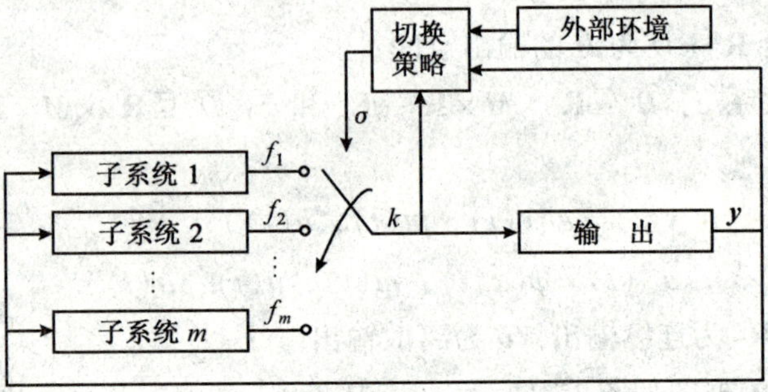

图 1.2　切换系统示意图

切换系统由各子系统及切换规律构成，其中的各子系统是切换系统的连续动态部分，切换规律是系统的逻辑、决策部分，表现为离散动态．由于既包含连续动态又包含离散动态，所以切换系统具有特殊性和复杂性，如两个全局指数稳定的子系统经过切换可以是不稳定的，而两个不稳定的子系统经过切换可以是渐近稳定的.

切换系统是一类重要的混杂系统，许多实际系统可以概括为切换系统，如 dc-to-dc 电转炉系统、电容电路系统[13-14]等．对切换系统展开研究将有助于推动混杂系统理论的发展.

20 世纪 80 年代末，现代计算技术和计算机科学的迅速发展为切换系统的研究提供了强大的技术支持，切换系统的研究进入了一个蓬勃发展的新阶段. 计算机软件的深入开发，使得切换系统的计算机仿真成为可能，并推动了对切换系统的深入研究.

通常来说，一个切换系统由有限个子系统组成，即

$$\dot{\boldsymbol{x}}(t)=f_\sigma(\boldsymbol{x}(t)) \tag{1.1}$$

其中，$\boldsymbol{\sigma}$：$[0,+\infty)\to\underline{p}=\{1,2,\cdots,p\}$是切换函数，它是一个依赖于时间 t 或状态 $\boldsymbol{x}(t)$或其他信号的分段常值函数. 对于任意的 $i\in\underline{p}$，$f_i(\boldsymbol{x}(t))$是 $\mathbf{R}^n$ 到 $\mathbf{R}^n$ 上的光滑函数.

若每一个子系统均是线性的，则可以得到下面的线性切换系统：

$$\dot{\boldsymbol{x}}(t)=\boldsymbol{A}_\sigma\boldsymbol{x}(t)$$

切换系统具有复杂性和特殊性. 切换系统的性质不是各子系统性质的简单叠加. 切换系统的性质与设计或给出的切换律密切相关. 多种多样的切换方式使得切换系统的属性千变万化、纷繁复杂. 其表现为在不同切换规则的作用下，切换系统可能具有截然不同的属性(如稳定或不稳定)[15]. 即使构成切换系统的每个子系统都是不稳定的，却可能通过一个适当切换规则的选取使切换系统稳定[16].

手动换挡的轿车，就是切换系统的例子. 轿车从静止到起车，挂上低速挡，并保持较低的车速，这就对应一个子系统. 当进一步提高车速时，就需要及时增挡，也就是使轿车这个系统进入新的子系统. 当轿车运行在各个挡位时，对应的是连续系统，而换挡的过程就是离散事件系统.

例1.1 自动传动轿车的简化模型如下：

$$\dot{v}=\frac{k}{m}v^2\operatorname{sign}(v)-g\sin\alpha+\frac{G_{p(t)}}{m}T \tag{1.2}$$

$$\boldsymbol{\omega}=G_{p(t)}v$$

其中，v 为速度；α 为路面的倾斜角；$G_{p(t)}$ 为传动齿轮比率，为离散量，$G_{p(t)}\in\{G_1,G_2,G_3,G_4\}$，且 $G_1>G_2>G_3>G_4$；k 为适当的常量；ω 为角速度；T 为发动机产生的转矩，是系统的输入.

离散状态的变换函数如下.

当 $p(t)=i\neq 4$ 且 $v=\dfrac{1}{G_i}\omega_{\text{high}}$时

$$p(t^+) = i + 1$$

当 $p(t) = i + 1 > 2$ 且 $v = \frac{1}{G_{i+1}}\omega_{\text{low}}$ 时

$$p(t^+) = i$$

其中，ω_{low} 和 ω_{high} 是事先设定的发动机的角速度.

轿车的速度受离散变量 $p(t)$ 取值的影响，当 $p(t) = i$ 时，$G_{p(t)} = G_i$，因此轿车的连续动态为

$$\dot{v} = \frac{k}{m}v^2\text{sign}(v) - g\sin\alpha + \frac{G_i}{m}T$$

$$\omega = G_i v$$

当速度 $v = \frac{1}{G_i}\omega_{\text{high}}$ 时，离散状态发生变化，此时若 $p(t) = i \neq 4$，则 $p(t) = i + 1$，相应地，有

$$\dot{v} = \frac{k}{m}v^2\text{sign}(v) - g\sin\alpha + \frac{G_{i+1}}{m}T$$

$$\omega = G_{i+1}v$$

可见系统(1.2)有两种动态：其一是表示速度的连续动态；其二是离散动态 $p(t)$. 两者相互作用，其综合作用的结果来决定轿车系统的速度.

由于稳定性是控制系统中最基本的性质，因此早期的切换系统的研究大部分是关于系统的稳定性问题[17-22]. Liberzon 和 Morse 在 1999 年 10 月的《控制系统》杂志上发表了第一篇有关切换系统稳定性及其设计的综述文章[23]，比较全面地阐述了切换系统稳定性研究的几个基本问题.

问题Ⅰ：寻找切换系统在任意切换律下均渐近稳定的条件.

问题Ⅱ：切换系统在某个(些)特定切换律下渐近稳定的验证.

问题Ⅲ：构造切换律，使切换系统在此切换律下渐近稳定.

对于问题Ⅰ，W. P. Dayawansa 等人在文献[24]、J. L. Mancilla-Aguilar 等人在文献[25]给出了切换系统的逆 Lyapunov 定理，因此切换系统在任意切换下均渐近稳定的充分必要条件是它的子系统具有公共的 Lyapunov 函数. 对于线性切换系统，文献[26]指出，如果它对于任意切换律均是渐近稳定的，则公共 Lyapunov 函数可以取成准二次型或分段二次型. 针对仅含两个子系统的线性切换系统，文献[27]利用矩阵约束条件研究了这种系统存在公共的二次型

李亚普诺夫函数的充分必要条件. 文献[28]利用线性矩阵不等式方法研究了系统的公共二次型 Lyapunov 函数的计算. 对于一般的非线性切换系统, 其公共的 Lyapunov 函数结构和计算还有待于进一步研究.

对于问题Ⅱ, 相比较而言要比问题Ⅰ复杂些, Morse A. S.[29]和 Hespanha J. P.[30]引入平均驻留时间的概念, 得到了在稳定的线性子系统之间进行平均意义上的慢切换, 就能保证线性切换系统的稳定性. 另外, 一般地说, 切换系统具备公共 Lyapunov 函数的条件是相当苛刻的, 许多系统不具备这个条件. 于是, Peleties 在文献[31]中引入了多 Lyapunov 函数方法, 这为问题Ⅱ的解决提供了有效的工具. 此后, Branicky[32-33]以及 Ye 和 Michel 等人[34-36]在多 Lyapunov 函数方面做了许多有意义的工作.

多 Lyapunov 函数的原理可解释如下. 假设系统

$$\dot{\boldsymbol{X}}=f_i(\boldsymbol{X}) \quad (i=1, 2, \cdots, k)$$

的每个子系统 $\dot{\boldsymbol{X}}=f_i(\boldsymbol{X})$ 均存在一个函数 $V_i(\boldsymbol{X})$, 这个函数 $V_i(\boldsymbol{X})$ 满足: 当 $\boldsymbol{X}\neq\boldsymbol{0}$ 时, 有 $V_i(\boldsymbol{X})>0$, 但 $\dot{V}_i(\boldsymbol{X})<0$ 不一定成立, 其中 $i=1, 2, \cdots, k$, 同一个子系统在下一次被激活时, 其函数 $V_i(\boldsymbol{X})$ 的终点值小于上一次被激活时函数 $V_i(\boldsymbol{X})$ 的终点值. 这样, 整个系统的能量将呈现递减的趋势, 从而切换系统(1.1)渐近稳定. 图 1.3 为多 Lyapunov 函数原理图, 图 1.4 是单 Lyapunov 函数原理图, 不难看出多 Lyapunov 函数是单 Lyapunov 函数的推广.

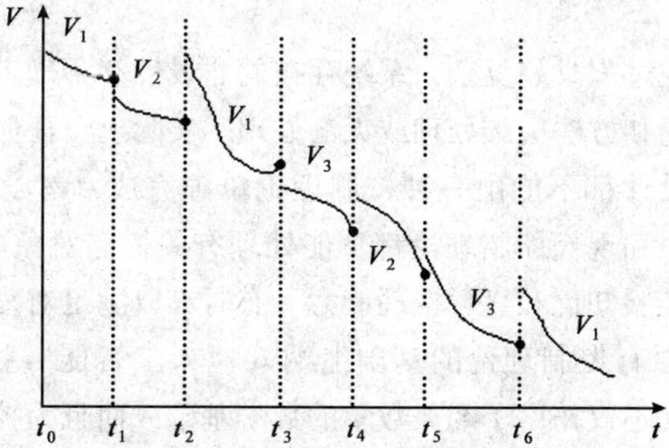

图 1.3　多 Lyapunov 函数原理图

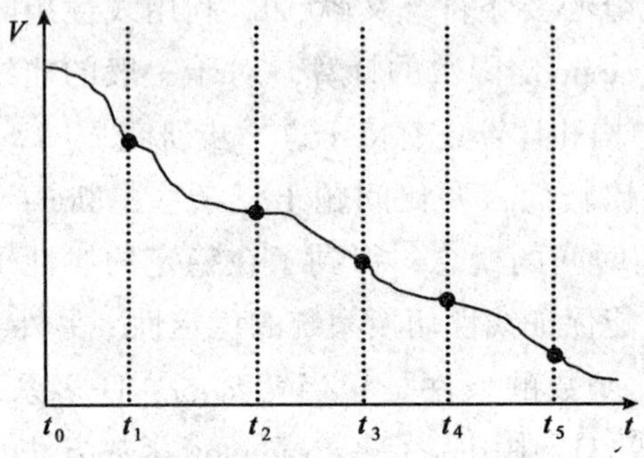

图 1.4　单 Lyapunov 函数原理图

对于问题Ⅲ，从应用角度看，它的意义最大. 因为切换系统的精华在于"切换"，即设计切换律，使切换系统在此切换律下渐近稳定，这是切换系统研究的重要内容. 虽然切换系统由若干个子系统和一个切换律组成，但它决不是各个子系统简单地叠加，切换律的作用同样是相当重要的. Peleties，Decarlo 等人在研究稳定性方面做了大量的工作[31,37-42]. 其中，线性矩阵不等式方法[43-44]、凸组合技术[37,39,45]、线性化手段[21]以及完备集概念[46]等都被应用到这一研究领域中.

1.3　模糊控制系统概述

随着现代工业过程日趋复杂，系统存在的非线性和不确定性常常使得经典及现代的控制理论和方法很难处理或无法处理. 实际上，任何一个有效的工业过程控制方案的设计都不能由一种控制理论单独完成，都隐含着人的直觉推理. 经典控制理论和现代控制理论都不能处理有关控制对象的一些模糊信息，也不能利用人的经验知识和直觉推理能力，有时难以满足对复杂控制系统的设计要求. 因此在原有控制理论的基础上纳入"人工智能"控制就势在必行. 模糊集理论的创立不仅拓广了经典数学的数学基础，而且为控制理论和方法面向人们的自然机理、研究"人工智能"控制提供了新的途径. 二十年来，模糊控制在许多实际应用问题中不断取得惊人的成果，使许多学者改变了当初对模糊集合理论的看法，使人们更加坚信模糊控制在处理不确定系统方面的巨大潜力.

1.3.1 模糊控制的背景及研究进展

模糊集理论已成为人工智能及控制应用中最为活跃的研究领域之一. 1965年，美国加州大学 L. A. Zadeh 教授在《Information and Control》上发表了开创性的论文《模糊集合论》[47-48]，打破了二位逻辑 0-1 的界限，为表示人类概念的模糊性、描述模糊信息、处理模糊现象提供了新的数学方法. 在控制方面最先将模糊集理论应用于实际的是英国伦敦大学的 Mamdani 教授. 1974 年，他研制了第一个工业应用的模糊控制系统——蒸汽发动机自动运行实验装置[49-50]，把模糊语言应用到工业控制中并获得成功，标志着模糊控制的诞生. 相对于 20 世纪的大多数领域来讲，模糊逻辑的研究还只是一个开头，但是，一个商业化的模糊产品浪潮增加了人们对模糊逻辑的兴趣. 1980 年，实用化的模糊控制系统在丹麦的 Simdith 水泥厂的水泥生产过程控制中投入运行[51]. 1988 年，日立公司使仙台市的地铁实现了模糊控制[52]. 此后，日本人用模糊逻辑生产了几百种“智能”产品. 日本通产省估计，1992 年日本模糊产品的价值大约是 20 亿美元. 相对于人工控制，模糊系统给出了较为平滑的运作，并且能更精确地将列车停在指定的位置. 现在许多美国人驾驶的通用汽车公司生产的 Saturns 车就是用模糊系统平滑地调低变速器的速挡来进行操控. 现在，模糊控制作为一种有效的控制策略受到人们的普通关注，并有大量的研究工作相继问世. 到目前为止，模糊控制已应用于热交换、水泥窑、水净化、核反应堆、自动车、地铁、集装箱自动装卸[53-54]等复杂的系统中.

所谓模糊控制，既不是指被控对象是模糊的，也不是指控制器是不确定的，而是指在表示知识、概念上的模糊性. 虽然模糊控制算法是通过模糊语言描述的，但它所完成的却是一项完全确定的工作. 目前获取模糊控制规则的方法主要有以下四种[55]：

① 基于专家的经验和知识；

② 建立操作者的控制行为模型；

③ 自组织，自学习；

④ 建立被控对象的模型.

由于模糊控制利用了模糊集合的思想，因此具有本质上的非线性和智能性，显示了许多特殊的优良品质. 在近几十年中，国内外许多学者以极大的热情投入到这一领域的研究，取得了一系列重要的理论和应用研究成果，模糊控制理论成为模糊系统理论最广泛、最成熟的应用分支，并逐渐成为智能控制理论的重要分支.

模糊控制系统由被控制过程和模糊控制器构成. 模糊控制器由模糊化、模糊推理和去模糊化三部分组成，三者均建立在知识库(控制率和隶属函数)的基础上. 模糊控制的基本原理如图 1.5 所示. 当被控过程与知识库在动态过程中进行联系时(图 1.5 中虚线所示)，模糊控制系统可实现自组织、自适应调整知识库，从而改善控制系统的品质，优化控制率.

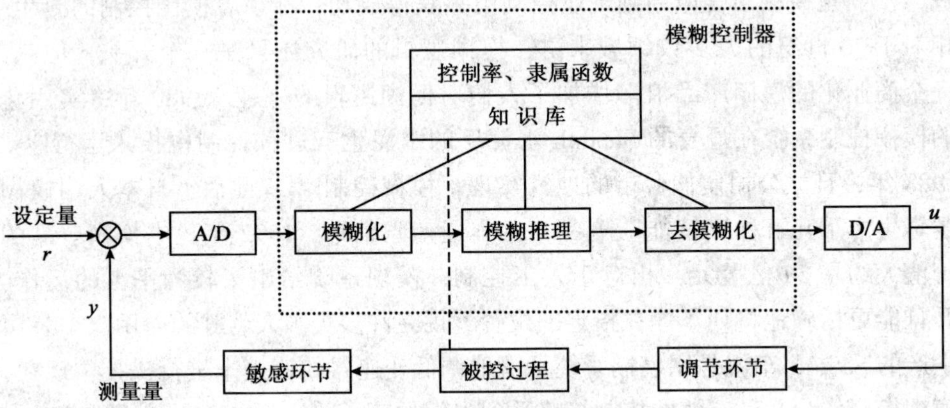

图 1.5　模糊控制系统原理框图

基本模糊控制器设计过程如下：

① 将操作者的操作经验归纳成定性的一组 If-then 形式的模糊规则，或称模糊模型；

② 对系统的输出偏差、偏差的变化和控制量进行模糊化；

③ 应用模糊推理方法，通过模糊算法，由模糊偏差和偏差的变化量，经控制规则计算出模糊控制量；

④ 通过模糊判决将模糊控制量去模糊化，得到精确的控制量，从而构造基本模糊控制器的查询表，存储于计算机内，以备实时控制使用.

早期的模糊控制系统不依赖于系统精确的数学模型，只需要提供现场操作人员或专家的经验知识及操作数据即可，特别适宜于复杂系统与模糊性对象等，因为它们的精确数学模型很难获得或根本无法找到. 另外，模糊控制中的知识表示、模糊规则和合成推理是基于专家知识或熟练操作者的成熟经验，并通过学习可不断更新，因此，它具有智能性和自学习性. 其次，模糊控制器均以计算机为主体，因此它兼有计算机控制系统的特点，并且系统的人机界面具有一定程度的友好性，对于有一定操作经验但对控制理论并不熟悉的工作人员来说，很容易掌握，并且易于使用“语言”进行人机对话，更好地为操作者提供控制信息.

到了20世纪80年代中期，模糊控制有了长足的发展，人们提出了许多模糊逻辑系统. 其中，模糊产生器有单值模糊产生器和非单值模糊产生器，模糊消除器有最大模糊消除器、中心平均模糊消除器和改进型中心平均模糊消除器. 文献[55]证明了高斯型隶属函数的乘积推理规则的单值模糊产生器——中心平均模糊消除器——的模糊系统可充当万能逼近的模糊逻辑系统. 文献[56]提出了著名的T-S模糊辨识模型. 文献[57]证明了T-S模糊系统也可充当万能逼近的模糊逻辑系统. 文献[54]提出了可加性模糊系统，并且通过分析说明了许多模糊系统是可加性模糊系统的退化，证明了可加性模糊系统可以一致逼近任意紧集上的连续函数. 这些为后来模糊控制的应用和理论研究提供了重要的理论基础和使用工具. T-S模糊系统通过模糊规则给出非线性系统的局部线性表示，它可以逼近很大一类非线性系统. Feng等人在文献[57-58]中证明T-S模糊系统可以以任意精度逼近$\mathbf{R}^n$的任意一个连续函数. 这样就可利用线性系统的理论和方法分析和设计可被T-S模糊系统逼近的非线性系统. 文献[58]利用这种思想研究了T-S模糊系统的稳定性及模糊开环系统的可控性. 模糊工程已成为重要的工程方法，世界各国与模糊系统有关的学术组织及国际组织相继成立，如国际模糊数学与系统学会(IFSA)于1984年成立，并创刊《Fuzzy Sets and Systems》，从1984年起每两年举办一次世界模糊系统联合大会；1981年，我国成立了中国模糊数学与系统学会，并创刊《模糊数学》，后改名为《模糊系统与数学》. 这些组织和学术活动都加速了模糊控制的发展. 作为对模糊理论的认同，世界最大的工程师协会IEEE从1992年起每年举办一届模糊系统年会，并于1993年创办了IEEE模糊系统会刊.

近几年来，基于模型的方法逐渐占优势，而T-S模糊系统是最常用的模糊模型. 该模型是在建立对象的数学模型的基础上，根据数学模型对系统的稳定性和性能指标等进行理论分析和仿真实验，并在实际应用领域取得了较大进展. 下面就 T-S 模糊系统进行介绍.

Tanaka 和 Sugeno 在 1985 年提出了基于模型的模糊控制系统[56]，控制规则前件依然是模糊量，后件是输入的线性组合. 后来的研究表明，很多控制系统可以归结为 T-S 模糊系统[59-62]. T-S 模糊模型基于输入空间的模糊划分，可以看作分段线性划分的扩展. 对于一个动态多输入多输出非线性系统，如果用 T-S 模糊模型来建模，可以表示成如下两种方式[63].

IF-THEN 型(1)：

$$R_i: \text{If } \xi_1 \text{ is } M_{i1} \text{ and } \xi_2 \text{ is } M_{i2},\ \cdots,\ \xi_n \text{ is } M_{in}, \text{ then}$$

$$s\boldsymbol{x}(t)=\boldsymbol{A}_i\boldsymbol{x}(t)+\boldsymbol{B}_i\boldsymbol{u}(t)\quad (i=1,\ 2,\ \cdots,\ r) \tag{1.3}$$

输入输出型

$$s\boldsymbol{x}(t) = \sum_{i=1}^{r} w_i(\boldsymbol{\xi})(\boldsymbol{A}_i\boldsymbol{x}(t) + \boldsymbol{B}_i\boldsymbol{u}(t))$$

其中，$w_i(\boldsymbol{\xi}) = \dfrac{\prod_{j=1}^{n} M_{ij}(\xi_j)}{\sum_{i=1}^{r}\prod_{j=1}^{n} M_{ij}(\xi_j)}$，$0 \leqslant w_i(\boldsymbol{\xi}) \leqslant 1$，$\sum_{i=1}^{r} w_i(\boldsymbol{\xi}) = 1$，$\boldsymbol{\xi} = [\xi_1\quad \xi_2\quad \cdots\quad \xi_n]$ 是前件变量，可以是状态或输入、输出变量，M_{i1}，M_{i2}，…，M_{in}是模糊变量，r 是模糊规则数.

$$s\boldsymbol{x}(t) = \begin{cases} \dot{\boldsymbol{x}}(t), & \text{连续系统} \\ \boldsymbol{x}(t+1), & \text{离散系统} \end{cases}$$

T-S 模糊模型建模方法的本质在于：一个整体非线性的动力学模型可以看成是许多个局部线性模型的模糊逼近[64].

对于基于 T-S 模糊模型的模糊控制器的设计，考虑对于每一个子系统首先设计一个局部的线性状态反馈. 例如，可以采用极点配置设计方法，或线性二次型最优控制的设计方法，来设计局部状态反馈控制器. 控制器的模糊规则具有与式(1.3)相同的模糊规则前件，这种控制器又被称作 PDC（parallel distributed compensations）模糊控制器[65-66].

IF-THEN 型(2)：

$$R_i: \text{If } \xi_1 \text{ is } M_{i1} \text{ and } \xi_2 \text{ is } M_{i2},\ \cdots,\ \xi_n \text{ is } M_{in}, \text{ then}$$

$$\boldsymbol{u}(t)=\boldsymbol{K}_i\boldsymbol{x}(t)\quad(i=1,\ 2,\ \cdots,\ r)$$

输入输出型

$$\boldsymbol{u}(t)=\sum_{i=1}^{r}w_i(\boldsymbol{\xi})\boldsymbol{K}_i\boldsymbol{x}(t)$$

T-S 模糊模型的提出，为模糊系统稳定性分析提供了系统化框架，以后的模糊系统的稳定性分析主要是针对 T-S 模糊系统进行的，稳定性的定义和条件都是在 Lyapunov 意义稳定性框架中的.

模糊控制的发展基本上可分为两个阶段：初期的模糊控制器是按一定的语言控制规则进行工作的，而这些控制规则是建立在总结操作者对过程进行控制的经验基础上，或设计者对某个过程认识的模糊信息的归纳基础上，因而它适用于控制不易获得精确数学模型和数学模型不确定或多变的一类对象；后期的模糊控制器则是基于控制规则难以描述，即对过程控制还总结不出什么成熟的经验，或者过程有较大的非线性以及时滞等特征，试图吸取人脑对复杂对象进行随机识别和判决的特点，用模糊集理论设计自适应、自组织、自学习的模糊控制器. 模糊控制从诞生到现在仅仅经历了三十多年的时间，就已在经济、医学、军事尤其是工业应用方面取得了巨大的进展[67]. 总的来说，模糊控制理论滞后于应用的发展. 纵观最近的国内外文献表明，现在的模糊控制研究的注意力也主要集中在如何给它在理论上注入新鲜血液.

模糊控制发展的前景是乐观的，随着相关学科的日新月异的发展，其自身也在不断完善，潜在的能力也不断发挥出来，尤其在工业中的应用将会日益广泛和成熟.

1.3.2　基于 T-S 模糊模型的稳定性分析

Tanaka 和 Sugeno 提出的 T-S 模糊模型，不仅开创了模糊模型辨识的一整套方法，同时也为模糊控制系统的稳定性分析提供了模型基础，且许多结果能应用于实际对象中. 进入 20 世纪 90 年代以来，模糊系统的稳定性分析主要是针对T-S 模糊系统进行的，稳定性的定义和条件都是在 Lyapunov 意义框架中的.

(1) 基于 Lyapunov 稳定性理论

Tanaka 等[56,59]研究了离散模糊系统的稳定性问题. 他们讨论的是两类 T-S

模糊模型：模糊对象模型和模糊控制器．先用 T-S 模型对被控对象建模，再用 T-S 模型为所建的模糊模型设计模糊控制器．它的稳定性分析是建立在 Lyapunov 直接法基础上的．最后的稳定性判据归结为寻找一个公共的正定矩阵 $\boldsymbol{P}$，满足 m(模糊规则数)个不等式．

Kim[62] 基于 T-S 模糊模型分析了语言模糊状态空间模型在 Lyapunov 意义下的稳定性问题，结果表明，即使一些子系统含有不稳定矩阵，全局系统模型仍能稳定，同时给出一种简化稳定性判断的梯度算法．Kiriakidis 等[68] 讨论了离散模糊 T-S 模型稳定性的充分性判据．他们描述的模型和 Tanaka 所描述的模型的区别是在模型中可以带上偏移项，利用线性矩阵不等式来求解公共的正定矩阵．Kiszka 等[69] 利用并行分布补偿的概念提出 T-S 模糊闭环系统的稳定性设计方法，要求判定公共正定矩阵 $\boldsymbol{P}$ 的存在性，把稳定性分析问题转化为一系列线性矩阵不等式的求解问题，既解决了公共矩阵 $\boldsymbol{P}$ 的求解问题，又可以直接得到控制器反馈增益的解．此后，很多作者依据 LMI 方法给出了更为宽松的稳定性条件[70-74]．

近年来，Tanaka 等又提出了连续模糊系统的模糊 Lyapunov 函数方法[75]，其主要思想是针对模糊系统的推理方法，采用与模糊系统相对应的加权系数，得到相对应的加权 Lyapunov 函数，进而研究其稳定性．很明显，这种方法与以往的公共 Lyapunov 函数方法相比条件更为宽松，其缺点是在对函数求导时需要求解隶属函数的导数，而不同系统的隶属函数均不相同，因此只能给出隶属函数导数的界，不便于系统化设计和分析．

(2)基于线性不确定系统理论

Cao 等的主要思想是先用 T-S 模糊模型对被控对象进行建模，然后用标准模糊化方法把全局模糊系统表示成线性不确定系统的形式，再利用线性不确定系统二次镇定和鲁棒镇定的结果来讨论模糊系统的稳定性[76-80]．他们引入了分段光滑二次 Lyapunov 函数，避免了并行分配补偿法中求解公共矩阵 $\boldsymbol{P}$ 的困难．

被控对象的模糊模型由 m 条近似推理规则表示：

$$R^l\text{: If } x_1 \text{ is } F_1^l \text{ and } x_2 \text{ is } F_2^l,\ \cdots,\ x_n \text{ is } F_n^l,\ \text{then}$$

$$\dot{\boldsymbol{x}}(t)=\boldsymbol{A}_l\boldsymbol{x}(t)+\boldsymbol{B}_l\boldsymbol{u}(t)\quad (l=1,\ 2,\ \cdots,\ m)$$

然后用单点模糊集合、乘积模糊推理、中心平均反模糊化方法得出全局模糊模型：

$$\dot{\boldsymbol{x}} = \boldsymbol{A}(\mu)\boldsymbol{x}(t) + \boldsymbol{B}(\mu)\boldsymbol{u}(t)$$

其中, $\boldsymbol{A}(\mu) = \sum_{l=1}^{m} \mu_l(t)\boldsymbol{A}_l$, $\boldsymbol{B}(\mu) = \sum_{l=1}^{m} \mu_l(t)\boldsymbol{B}_l$.

文献[76]定义了如下 m 个状态子空间:

$$S_l = \{\boldsymbol{x} \mid \mu_l(\boldsymbol{x}) \geqslant \mu_i(\boldsymbol{x}),\ i=1,\ 2,\ \cdots,\ m,\ i \neq l\} \quad (l=1,\ 2,\ \cdots,\ m)$$

系统可以等价地表示成如下线性不确定系统的形式:

$$\dot{\boldsymbol{x}}(t) = [\boldsymbol{A}_l + \Delta\boldsymbol{A}_l(\mu)]\boldsymbol{x}(t) + [\boldsymbol{B}_l + \Delta\boldsymbol{B}_l(\mu)]\boldsymbol{u}(t)$$

其中,

$$\Delta\boldsymbol{A}_l(\mu) = \sum_{\substack{i=1 \\ i\neq l}}^{m} \mu_l \Delta\boldsymbol{A}_{li},\ \Delta\boldsymbol{B}_l(\mu) = \sum_{\substack{i=1 \\ i\neq l}}^{m} \mu_l \Delta\boldsymbol{B}_{li},\ \Delta\boldsymbol{A}_{li} = \boldsymbol{A}_i - \boldsymbol{A}_l,\ \Delta\boldsymbol{B}_{li} = \boldsymbol{B}_i - \boldsymbol{B}_l$$

引入分段光滑二次 Lyapunov 函数:

$$V = \boldsymbol{x}^{\mathrm{T}}\boldsymbol{P}\boldsymbol{x} = \sum_{l=1}^{m} \eta_l \boldsymbol{x}^{\mathrm{T}}\boldsymbol{P}_l\boldsymbol{x},\ \boldsymbol{P} = \eta_1\boldsymbol{P}_1 + \eta_2\boldsymbol{P}_2 + \cdots + \eta_m\boldsymbol{P}_m$$

从而可以直接利用线性不确定系统理论的结果对模糊系统进行镇定. 文献[81]将此方法推广到非线性 H_∞ 控制系统中. 文献[82]基于这种模型提出了一种滚动时域 H_∞ 控制策略.

此方法的缺点是: ① 不确定性的上界较难确定, 文献[83]给出的是近似上界, 因而得到的解比较保守; ② 有 m 条规则, 需要解 m 个代数 Riccati 方程, 如果 m 的数值很大, 则此方法计算量很大; ③ 推理规则中的局部解析模型较难得到, 规则的获取问题没有得到解决.

(3)基于自适应控制技术

王立新比较系统地提出了四种获得模糊规则的方法和一系列稳定的自适应模糊控制器[54]. 他讨论的是零阶 T-S 模糊模型. 他利用了神经网络理论发展起来的技术, 特别是反向传播算法, 来解决规则的获取和规则参数问题. 反向传播学习算法的主要优点是, 模糊逻辑系统的所有参数可以用一套优化过程来调整. 同时, 他还将自适应技术应用到模糊控制器的设计中, 既解决了模糊控制系统的稳定性问题, 又能对所构造系统的性能进行理论分析(如模糊系统的跟踪特性). 他把自适应模糊控制器分为两类: 如果自适应模糊控制器中的模糊逻辑系统的可调参数呈线性, 则称为第一类自适应模糊控制器; 相反, 如果自适应模糊控制器中的模糊逻辑系统的可调参数呈非线性, 则称为第二类自适应模糊控制器. 再根据传统的自适应控制器, 可以分为直接型和间接型自适应控制器两类，因此可以组合成四种自适应模糊控制器，即第一类和第二类直接型自适应模糊控制器与第一类和第二类间接型自适应模糊控制器. 他的这套方法不仅适用于稳定的自适应模糊系统的概念形成及设计，而且适用于包括解系统的代数方程、模式识别和信号处理等其他问题.

此方法的缺点是[84]：为使系统稳定而引入的监督控制项往往取值很大，给实际应用造成困难；为保证跟踪误差 $e(t)$ 收敛到零，需要“最小近似误差”平方可积，此条件不仅很难满足，而且无法事先检验.

1.4 切换模糊控制系统概述

切换系统是在连续变量系统中恰当地引入离散事件，通过连续控制和离散控制的相互作用，使之对系统的控制更加灵活. 另外，T-S 模糊系统通过模糊规则给出非线性系统的局部线性表示，它可以逼近很大一类非线性系统. T-S 模糊系统是基于模型的模糊控制研究平台的最流行、最有前途的方法之一，许多模糊控制专家对此也进行了深入研究. 切换模糊系统结合了切换系统和模糊系统的特性，能更准确地刻画实际系统的非线性动态特性及其相互作用和运行行为.

近年来，利用 T-S 模糊模型研究的模糊控制作为一个简单且又系统的非线性控制技术[85]越来越受到人们的重视. 在基于 T-S 模糊模型的控制中，大部分文献的热点都是集中在应用于实际系统中的[86-89]. 与此同时，基于 T-S 模糊模型的切换模糊控制的应用价值也成为专家研究的重点.

Rainer P 等将混杂系统和模糊多模型系统相结合，首次提出了一种模糊切换混杂系统的思想[90]. 切换模糊系统模型最初是由 Tanaka 等人针对一种无线控制气垫船（R/C hovercraft）在 2001 年提出的[91]. 他们不仅提出一类切换模糊模型，还相应地设计了模糊控制器. 直至目前为止，有关切换模糊系统的文献还相当有限，文献[92-96]也都是在文献[91]的基础上针对 R/C hovercraft 模型做的近一步扩展工作.

图 1.6 是一个 R/C hovercraft 的实物照片[91].

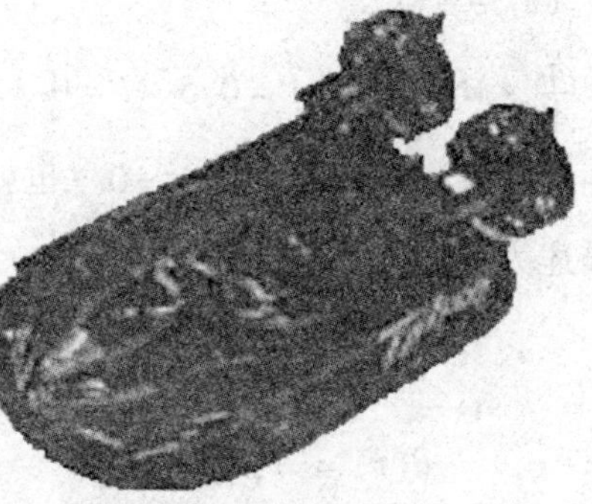

图 1.6 无线控制气垫船

图 1.7 是典型的气垫船飞行器(HTV)模型在坐标系下的示意图. 图中，θ 表示飞行器角度，l 表示飞行器模型中心到扇叶的距离，ϕ 是模型中心与扇叶的夹角，f_R 表示左边扇叶产生的力，f_L 表示右边扇叶产生的力.

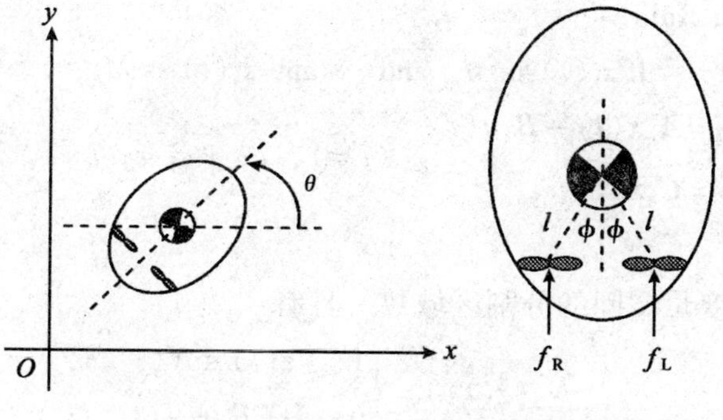

图 1.7 典型的气垫船飞行器模型

那么，HTV 的动态模型由下述方程表示：

$$\ddot{x}(t)=\frac{\cos\theta(t)}{M}f_1(t)$$

$$\ddot{y}(t)=\frac{\sin\theta(t)}{M}f_1(t)$$

$$\ddot{\theta}(t)=\frac{l\sin\phi}{I}f_2(t)$$

其中，M 表示气垫船飞行器的质量，I 表示气垫船飞行器的惯量，且 $f_1(t)=$

$f_R(t)+f_L(t)$, $f_2(t)=f_R(t)-f_L(t)$.

在实例中，取 $\phi=\frac{\pi}{4}$, $M=0.1$, $I=0.5$, $l=0.1$. 控制目的是通过控制 $f_1(t)$ 和 $f_2(t)$，使得 $\lim\limits_{t\to+\infty}y(t)=0$ 和 $\lim\limits_{t\to+\infty}\theta(t)=0$. 也就是说，$x(t)$ 不是一个可控变量，被控对象可描述为

$$\ddot{y}(t)=\frac{\sin\theta(t)}{M}f_1(t)$$

$$\ddot{\theta}(t)=\frac{l\sin\phi}{I}f_2(t)$$

Tanaka 等人在文献[91]中针对气垫船飞行器的动态模型，将其转化为如下形式的切换模糊系统：

Region Rule j:

If $z_1(t)$ is N_{j1} and $\cdots$ and $z_p(t)$ is N_{jp}

then

Local Region Rule i:

If $z_1(t)$ is M_{ji1} and $\cdots$ and $z_p(t)$ is M_{jip}

$$\text{then}\begin{cases}\dot{\boldsymbol{x}}(t)=\boldsymbol{A}_{ji}\boldsymbol{x}(t)+\boldsymbol{B}_{ji}\boldsymbol{u}(t)\\ \boldsymbol{y}(t)=\boldsymbol{C}_{ji}\boldsymbol{x}(t)\end{cases}\quad(i=1,\ 2,\ \cdots,\ r;\ j=1,\ 2,\ \cdots,\ s)\tag{1.4}$$

其中，s 是前件变量空间的分割区域数. 且有

$$N_{jk}(\boldsymbol{z}(t))=\begin{cases}1, & \boldsymbol{z}(t)\in N_{jk}\\ 0, & \text{其他}\end{cases}\tag{1.5}$$

切换模糊系统(1.4)的全局模型为

$$\dot{\boldsymbol{x}}(t)=\sum_{j=1}^{s}\sum_{i=1}^{r}v_j(\boldsymbol{z}(t))h_{ji}(\boldsymbol{z}(t))[\boldsymbol{A}_{ji}\boldsymbol{x}(t)+\boldsymbol{B}_{ji}\boldsymbol{u}(t)]$$

$$\boldsymbol{y}(t)=\sum_{j=1}^{s}\sum_{i=1}^{r}v_j(\boldsymbol{z}(t))h_{ji}(\boldsymbol{z}(t))\boldsymbol{C}_{ji}\boldsymbol{x}(t)$$

这里，$\boldsymbol{z}(t)=[z_1(t)\quad z_2(t)\quad\cdots\quad z_p(t)]$，且

$$v_j(\boldsymbol{z}(t))=\frac{\prod\limits_{k=1}^{p}N_{jk}(z_k(t))}{\sum\limits_{j=1}^{s}\prod\limits_{k=1}^{p}N_{jk}(z_k(t))}\tag{1.6}$$

$$h_{ji}(z(t)) = \frac{\prod_{k=1}^{p} M_{jik}(z_k(t))}{\sum_{i=1}^{r}\prod_{k=1}^{p} M_{jik}(z_k(t))}$$

由式(1.5) 和式(1.6)，容易得到

$$v_j(z(t)) = \begin{cases} 1, & z(t) \in \text{Region } j \\ 0, & \text{其他} \end{cases}$$

同时满足

$$\text{Region } 1 \cup \text{Region } 2 \cup \cdots \cup \text{Region } s = \bigcup_{j=1}^{s} \text{Region } j = X$$

$$\text{Region } j_1 \cap \text{Region } j_2 = \phi \quad (j_1 \neq j_2,\ j_1 = 1,\ 2,\ \cdots,\ s;\ j_2 = 1,\ 2,\ \cdots,\ s)$$

其中，X 表示论域. 同时设计相应的切换模糊系统的控制器.

Region Rule j:

If $z_1(t)$ is N_{j1} and $\cdots$ and $z_p(t)$ is N_{jp}

then

Local Region Rule i:

If $z_1(t)$ is M_{ji1} and $\cdots$ and $z_p(t)$ is M_{jip}

then $\boldsymbol{u}(t) = -\boldsymbol{F}_{ji}\boldsymbol{x}(t) \quad (i=1,\ 2,\ \cdots,\ r;\ j=1,\ 2,\ \cdots,\ s)$

模糊控制器的全局模型为

$$\boldsymbol{u}(t) = -\sum_{j=1}^{s}\sum_{i=1}^{r} v_j(z(t))h_{ji}(z(t))\boldsymbol{F}_{ji}\boldsymbol{x}(t) \tag{1.7}$$

这类切换模糊系统模型由两级模糊规则组成：区间规则和局部模糊规则. 系统根据前件变量在第二级局部模糊模型之间进行切换. 实际上，模型是对前件变量的切换，前件变量可为状态，或外部可测变量，或时间. 模糊控制器(1.7)也是一种 PDC 控制器的扩展.

1.5 本书的主要工作

本书研究切换模糊系统的稳定性和鲁棒控制问题，提出了切换模糊系统的新模型，初步建立了切换模糊系统的理论框架. 利用单 Lyapunov 函数、多 Lyapunov 函数、公共 Lyapunov 函数、凸组合等技术，采用 Riccati 方程、LMI

不等式方法，着重研究了切换模糊系统的稳定性、松弛的稳定性，以及利用切换技术研究模糊系统的鲁棒镇定问题，给出了确保模糊系统稳定的切换律的设计方案，并且研究了在设计切换律下系统的 H_∞ 鲁棒控制器和不确定切换模糊系统的鲁棒控制器设计. 进一步地研究了系统自适应跟踪控制问题，给出了确保系统跟踪误差一致渐近趋于零的切换律的设计方案. 书中的每一结果均给出了仿真实例，从直观的角度表明书中结论的有效性.

本书各部分的主要内容概括如下.

第 2 章对一类线性切换模糊系统的稳定性问题进行了研究. 给出了系统在任意切换策略下的稳定性条件. 分别利用单 Lyapunov 函数、多 Lyapunov 函数研究系统在设计切换策略下的稳定性条件. 同时，给出了切换律的两种设计方案.

第 3 章通过切换技术研究了模糊系统混杂状态反馈镇定问题. 首先，讨论了连续和离散模糊系统混杂控制器的设计及切换律的设计问题. 其次，研究了不确定模糊系统混杂鲁棒控制器及切换律的设计，分别利用单 Lyapunov 函数技术和多 Lyapunov 函数技术给出了系统镇定的条件及切换律的两种设计方案. 本章结果表明，尽管有些系统不能通过通常的状态反馈来镇定，但却可以采用混杂状态反馈的方法来镇定. 因此，本章的结果适用于范围更广的模糊系统的镇定问题.

在工程控制问题中，对于实际控制对象，变量组合以后，规则数将很大，尤其对于离散切换模糊系统而言更是如此. 要寻找一个适合每个切换子系统所有规则的正定矩阵 $\boldsymbol{P}$ 可能很困难. 因而，第 4 章使用多 Lyapunov 函数技术分别研究了使连续切换模糊系统和离散切换模糊系统松弛的稳定条件，并给出了切换律和控制器的设计方案. 本章结果表明，当模糊规则数较多或前件变量数较多时，系统仍可以较容易找到属于各切换子系统的正定矩阵 $\boldsymbol{P}$. 另外，本章的结果是通过线性不等式的形式给出的，易于检验和计算.

第 5 章应用 LMI 技术和单 Lyapunov 函数方法研究了切换模糊系统的状态反馈 H_∞ 控制器设计问题. 首先，给出了切换模糊系统渐近稳定且具有 H_∞ 性能指标 γ 的概念. 其次，给出了切换模糊系统控制器的设计方法以及使闭环系统对所有的不确定性渐近稳定且具有 H_∞ 性能指标 γ 的条件. 最后，仿真实例说明了状态反馈控制器设计过程和算法的有效性.

第 6 章研究了不确定切换模糊系统的鲁棒控制问题. 首先, 讨论了具有参数不确定性的切换模糊系统的鲁棒镇定问题. 系统的可镇定条件以凸组合形式给出, 并设计了状态反馈控制器. 其次, 讨论了带有扰动的不确定切换模糊系统的鲁棒镇定问题, 设计出一种鲁棒切换状态反馈控制器.

在第 7 章, 首先, 讨论了一类具有不确定性的切换模糊系统的自适应鲁棒控制问题. 对于具有未知上界的干扰, 设计了使系统一致终值有界的鲁棒自适应控制器. 其次, 针对给定的参考模型, 使用切换技术和多 Lyapunov 函数方法, 设计了鲁棒自适应控制器和切换策略, 研究了一类不确定切换模糊系统的自适应鲁棒跟踪控制问题, 保证了所得到的闭环辅助系统是一致有界的, 跟踪误差一致渐近趋于零.

第 2 章　一类离散切换模糊系统的稳定性分析

2.1　引　言

稳定是系统能够正常运行的基础，因此，关于切换系统的稳定性是近年来研究得最为集中的问题. 在 Liberzon 和 Morse 提出的三个基本问题中，首先研究的就是切换系统在任意切换下的稳定性问题. 研究这一问题时，首先必须假设每个子系统都是渐近稳定的. 然而，即使每个子系统都是渐近稳定的，但仍需要附加某些条件，方能保证整个切换系统的渐近稳定性. 现已证明，所有子系统存在共同的 Lyapunov 函数是切换系统在任意切换下渐近稳定的充要条件. 因而，寻求共同的 Lyapunov 函数存在的条件是解决切换系统任意切换下稳定的有效途径之一，目前已有不少充分条件. 此外，研究得较为集中的另一个问题是设计一个切换策略使系统稳定. 与通常的连续系统或离散动态系统相比，切换系统具有其特殊性质：尽管每个子系统都是不稳定的，但通过构造一个适当的切换策略，可能会使整个切换系统是稳定的；反过来，对每个子系统都存在 Lyapunov 函数，仍需对切换策略进行限制，才能保证切换系统的稳定性. 如果切换策略选择得不好，也可导致整个系统的不稳定[97].

同时，模糊逻辑控制已经被视为解决复杂控制系统的较方便的控制技术之一. 同传统的控制系统理论一样，模糊系统的稳定性分析也是模糊控制理论的重要指标之一. T-S 模糊模型的提出，为人们利用现代控制理论进行模糊控制系统的稳定性分析和设计提供了有利条件，这一模型也越来越受到人们的重视. 文献[59]给出了在 Lyapunov 稳定性意义下系统稳定的充分条件，对 m(模糊规则数)个子系统找到公共正定矩阵. 文献[77]将整个状态空间划分为 m 个子空间，将非线性时变系统的稳定性问题转化为线性时不变系统的鲁棒控制问题.

如果切换系统的子系统为模糊系统，那么称其为切换模糊系统. 这类系统更能准确地刻画实际系统中模糊特性、连续动态和离散动态的相互作用及运行行为. 同切换系统稳定性的结果和模糊控制系统方面的成果相比，关于切换模糊系统问题的研究结果却少有报道. 文献[90]将混杂系统和模糊多模型系统相结合，提出了一种模糊切换混杂系统的思想. 文献[91-96]描述了一类模糊切换系统模型. 这类模糊切换系统由两级结构组成：区间规则和局部模糊规则. 系统根据第一级区间规则中的前件变量，在第二级局部模糊模型之间进行切换.

与上述系统模型不同，本书提出一类新型的切换模糊系统，即以切换系统模型为基础，其切换系统中的每个子系统都是模糊模型，即子模糊系统. 这类切换模糊系统并没有分为两级结构，而是在每个子模糊系统之间进行切换，实际上也是进行一种前件变量的切换. 它既继承了切换系统所具有的良好性能，也保留了模糊系统特有的信息. 本章首先讨论的是在任意切换策略下，离散切换模糊系统的稳定性条件. 然后，使用单 Lyapunov 函数和多 Lyapunov 函数技术，给出离散切换模糊系统在某一切换律下的稳定性条件，并设计出切换律.

2.2　系统模型

首先提出一类新型的切换模糊系统. 考虑由以下 m 条规则构成的离散切换模糊系统，即切换系统的每个子系统为离散 T-S 模糊系统：

$$R_\sigma^l\text{: If } \xi_1 \text{ is } M_{\sigma 1}^l \cdots \text{and } \xi_p \text{ is } M_{\sigma p}^l\text{, then}$$

$$\boldsymbol{x}(k+1)=\boldsymbol{A}_{\sigma l}\boldsymbol{x}(k)+\boldsymbol{B}_{\sigma l}\boldsymbol{u}_\sigma(k)\quad (l=1,\ 2,\ \cdots,\ m) \tag{2.1}$$

其中，分段常值函数 $\sigma=\sigma(\boldsymbol{x}(k))$：$\{0,\ 1,\ \cdots\}\rightarrow\{1,\ 2,\ \cdots,\ N\}$是一个切换信号；$M_{\sigma 1}^l$，…，$M_{\sigma p}^l$代表第 σ 个切换子系统中的模糊集；R_σ^l 代表第 σ 个切换子系统内的第 l 条模糊规则，m 是第 σ 个切换子系统内的模糊规则数，模糊规则的选取是在每个切换子系统内进行的；$\boldsymbol{u}_\sigma(k)$表示第 σ 个切换子系统的输入量，$\boldsymbol{x}(k)$是状态变量，$\boldsymbol{A}_{\sigma l}\in\mathbf{R}^{n\times n}$及$\boldsymbol{B}_{\sigma l}\in\mathbf{R}^{n\times p}$是第 σ 个切换子系统中的常数矩阵；$\boldsymbol{\xi}=[\xi_1\quad \xi_2\quad \cdots\quad \xi_p]$为前件变量，可以是系统的可测量变量或状态变量.

对于第 i 个切换子系统，即子模糊系统：

$$R_i^l:\ \text{If } \xi_1 \text{ is } M_{i1}^l \cdots \text{and } \xi_p \text{ is } M_{ip}^l,\ \text{then}$$

$$\boldsymbol{x}(k+1)=\boldsymbol{A}_{il}\boldsymbol{x}(k)+\boldsymbol{B}_{il}u_i(k) \quad (l=1,\ 2,\ \cdots,\ m;\ i=1,\ 2,\ \cdots,\ N)$$

可以得到第 i 个切换子系统的全局模型：

$$\boldsymbol{x}(k+1)=\sum_{l=1}^{m}\boldsymbol{\eta}_{il}(\boldsymbol{\xi}(k))(\boldsymbol{A}_{il}\boldsymbol{x}(k)+\boldsymbol{B}_{il}\boldsymbol{u}(k))$$

其中

$$0\leqslant \boldsymbol{\eta}_{il}(\boldsymbol{\xi}(k))\leqslant 1,\ \sum_{l=1}^{m}\boldsymbol{\eta}_{il}(\boldsymbol{\xi}(k))=1 \tag{2.2}$$

有

$$w_{il}(\boldsymbol{\xi}(k))=\prod_{\rho=1}^{p}M_{i\rho}^{l}(\xi_\rho(k)),\quad \boldsymbol{\eta}_{il}(\boldsymbol{\xi}(k))=\frac{w_{il}(\xi(k))}{\sum_{l=1}^{m}w_{il}(\xi(k))}$$

式中，$M_{i\rho}^l(\xi_\rho(k))$表示第 i 个子系统中 $\xi_\rho(k)$属于模糊集 $M_{i\rho}^l$的隶属度.

2.3　任意切换律下的稳定性条件

本节的主要目的是寻找离散切换系统(2.1)在任意切换策略下的稳定性条件.

(1) $\boldsymbol{u}=\boldsymbol{0}$的情形

定理 2.1　假设存在一个正定矩阵 $\boldsymbol{P}$，使得

$$\boldsymbol{Q}_i=\begin{bmatrix}\boldsymbol{Q}_{i11} & \boldsymbol{Q}_{i12} & \cdots & \boldsymbol{Q}_{i1m}\\ \boldsymbol{Q}_{i21} & \boldsymbol{Q}_{i22} & \cdots & \boldsymbol{Q}_{i2m}\\ \vdots & \vdots & & \vdots\\ \boldsymbol{Q}_{im1} & \boldsymbol{Q}_{im2} & \cdots & \boldsymbol{Q}_{imm}\end{bmatrix}<0$$

成立，其中

$$\boldsymbol{Q}_{i\iota j}=\boldsymbol{A}_{i\iota}^{\mathrm{T}}\boldsymbol{P}\boldsymbol{A}_{ij}-\boldsymbol{P}\quad (i=1,\ 2,\ \cdots,\ N;\ \iota,\ j=1,\ 2,\ \cdots,\ m)$$

那么系统(2.1) 在任意切换律下是渐近稳定的.

证明　取 Lyapunov 函数为

$$V(\boldsymbol{x}(k))=\boldsymbol{x}^{\mathrm{T}}(k)\boldsymbol{P}\boldsymbol{x}(k)$$

下面计算 Lyapunov 函数 $V(\boldsymbol{x}(k))$的差分：

$$
\begin{aligned}
\Delta V(\boldsymbol{x}(k)) &= V(\boldsymbol{x}(k+1)) - V(\boldsymbol{x}(k)) \\
&= \boldsymbol{x}^{\mathrm{T}}(k)\Big[\Big(\sum_{j=1}^{m}\eta_{ij}\boldsymbol{A}_{ij}\Big)^{\mathrm{T}}\boldsymbol{P}\Big(\sum_{j=1}^{m}\eta_{ij}\boldsymbol{A}_{ij}\Big) - \sum_{j=1}^{m}\eta_{ij}\sum_{j=1}^{m}\eta_{ij}\boldsymbol{P}\Big]\boldsymbol{x}(k) \\
&= \boldsymbol{x}^{\mathrm{T}}(k)\Big[\Big(\sum_{j=1}^{m}\eta_{ij}^{2}\boldsymbol{A}_{ij}^{\mathrm{T}}\boldsymbol{P}\boldsymbol{A}_{ij} - \sum_{j=1}^{m}\eta_{ij}^{2}\boldsymbol{P}\Big) + \\
&\quad \Big(\sum_{j=1}^{m}\sum_{\iota\neq j}\eta_{ij}\eta_{i\iota}\boldsymbol{A}_{ij}^{\mathrm{T}}\boldsymbol{P}\boldsymbol{A}_{i\iota} - \sum_{j=1}^{m}\sum_{\iota\neq j}\eta_{ij}\eta_{i\iota}\boldsymbol{P}\Big)\Big]\boldsymbol{x}(k) \\
&= \boldsymbol{x}^{\mathrm{T}}(k)\Big[\Big(\sum_{j=1}^{m}\eta_{ij}^{2}(\boldsymbol{A}_{ij}^{\mathrm{T}}\boldsymbol{P}\boldsymbol{A}_{ij} - \boldsymbol{P})\Big) + \Big(\sum_{j=1}^{m}\sum_{\iota\neq j}\eta_{ij}\eta_{i\iota}(\boldsymbol{A}_{ij}^{\mathrm{T}}\boldsymbol{P}\boldsymbol{A}_{i\iota} - \boldsymbol{P})\Big)\Big]\boldsymbol{x}(k) \\
&= \begin{bmatrix} \eta_{i1}\boldsymbol{x} \\ \eta_{i2}\boldsymbol{x} \\ \vdots \\ \eta_{im}\boldsymbol{x} \end{bmatrix}^{\mathrm{T}}
\begin{bmatrix} \boldsymbol{Q}_{i11} & \boldsymbol{Q}_{i12} & \cdots & \boldsymbol{Q}_{i1m} \\ \boldsymbol{Q}_{i21} & \boldsymbol{Q}_{i22} & \cdots & \boldsymbol{Q}_{i2m} \\ \vdots & \vdots & & \vdots \\ \boldsymbol{Q}_{im1} & \boldsymbol{Q}_{im2} & \cdots & \boldsymbol{Q}_{imm} \end{bmatrix}
\begin{bmatrix} \eta_{i1}\boldsymbol{x} \\ \eta_{i2}\boldsymbol{x} \\ \vdots \\ \eta_{im}\boldsymbol{x} \end{bmatrix}
\end{aligned}
$$

考虑式(2.2)，对于任意的 $\boldsymbol{x}\neq\boldsymbol{0}$，$\Delta V(\boldsymbol{x}(k))<0$，所以系统(2.1)在任意切换律下是渐近稳定的.

(2) $\boldsymbol{u}\neq\boldsymbol{0}$的情形

对于每个子模糊系统，本书采用常用的 PDC 模糊控制器设计方法，即模糊控制器和系统(2.1)具有相同的模糊推理前件.

$$
R_{ic}^{l}\text{: If } \xi_1 \text{ is } M_{i1}^{l} \cdots \text{and } \xi_p \text{ is } M_{ip}^{l}\text{, then}
$$

$$
u_i(k) = \boldsymbol{K}_{il}\boldsymbol{x}(k) \quad (l=1,2,\cdots,m;\ i=1,2,\cdots,N)
$$

全局控制为

$$
u_i(k) = \sum_{l=1}^{m}\eta_{il}\boldsymbol{K}_{il}\boldsymbol{x}(k)
$$

可以得到第 i 个子模糊系统的全局模型：

$$
\boldsymbol{x}(k+1) = \sum_{l=1}^{m}\eta_{il}(k)\sum_{\vartheta=1}^{m}\eta_{i\vartheta}(\boldsymbol{A}_{il} + \boldsymbol{B}_{il}\boldsymbol{K}_{i\vartheta})\boldsymbol{x}(k)
$$

定理 2.2　假设存在一个正定矩阵 $\boldsymbol{P}$，使得

$$\begin{bmatrix} \boldsymbol{Q}_{i1111} & \cdots & \boldsymbol{Q}_{i111m} & \boldsymbol{Q}_{i1121} & \cdots & \boldsymbol{Q}_{i112m} & \cdots & \boldsymbol{Q}_{i11mm} \\ \vdots & & & & & & & \vdots \\ \boldsymbol{Q}_{i1m11} & & \ddots & & & & & \boldsymbol{Q}_{i1mmm} \\ \boldsymbol{Q}_{i2111} & & & & & & & \\ \vdots & & & & \ddots & & & \vdots \\ \boldsymbol{Q}_{i2m11} & & & & & & & \vdots \\ \vdots & & & & & & & \\ \boldsymbol{Q}_{imm11} & & \cdots & & & \cdots & & \boldsymbol{Q}_{immmm} \end{bmatrix} < 0 \qquad (2.3)$$

成立，其中

$$\boldsymbol{Q}_{il\vartheta j\iota} = (\boldsymbol{A}_{il} + \boldsymbol{B}_{il}\boldsymbol{K}_{i\vartheta})^{\mathrm{T}}\boldsymbol{P}(\boldsymbol{A}_{ij} + \boldsymbol{B}_{ij}\boldsymbol{K}_{i\iota}) - \boldsymbol{P}$$

$$(i=1, 2, \cdots, N;\ l, \vartheta, j, \iota = 1, 2, \cdots, m)$$

那么系统(2.1)在任意切换律下是渐近稳定的.

证明 同定理2.1的证明，取 Lyapunov 函数为 $V(\boldsymbol{x}(k)) = \boldsymbol{x}^{\mathrm{T}}(k)\boldsymbol{P}\boldsymbol{x}(k)$，则

$$\begin{aligned} &\Delta V(\boldsymbol{x}(k)) = V(\boldsymbol{x}(k+1)) - V(\boldsymbol{x}(k)) \\ &= \boldsymbol{x}^{\mathrm{T}}(k)\Big[\sum_{l=1}^{m}\eta_{il}\sum_{\vartheta=1}^{m}\eta_{i\vartheta}(\boldsymbol{A}_{il} + \boldsymbol{B}_{il}\boldsymbol{K}_{i\vartheta})^{\mathrm{T}}\boldsymbol{P}\sum_{l=1}^{m}\eta_{il}\sum_{\vartheta=1}^{m}\eta_{i\vartheta}(\boldsymbol{A}_{il} + \boldsymbol{B}_{il}\boldsymbol{K}_{i\vartheta}) - \boldsymbol{P}\Big]\boldsymbol{x}(k) \end{aligned}$$

$$= \begin{bmatrix} \eta_{i1}\eta_{i1}\boldsymbol{x} \\ \vdots \\ \eta_{i1}\eta_{im}\boldsymbol{x} \\ \eta_{i2}\eta_{i1}\boldsymbol{x} \\ \vdots \\ \eta_{i2}\eta_{im}\boldsymbol{x} \\ \vdots \\ \eta_{im}\eta_{im}\boldsymbol{x} \end{bmatrix}^{\mathrm{T}} \begin{bmatrix} \boldsymbol{Q}_{1111} & \cdots & \boldsymbol{Q}_{111m} & \boldsymbol{Q}_{1121} & \cdots & \boldsymbol{Q}_{112m} & \cdots & \boldsymbol{Q}_{11mm} \\ \vdots & & & & & & & \vdots \\ \boldsymbol{Q}_{1m11} & & \ddots & & & & & \boldsymbol{Q}_{1mmm} \\ \boldsymbol{Q}_{2111} & & & & & & & \\ \vdots & & & & \ddots & & & \vdots \\ \boldsymbol{Q}_{2m11} & & & & & & & \vdots \\ \vdots & & & & & & & \\ \boldsymbol{Q}_{mm11} & & \cdots & & & \cdots & & \boldsymbol{Q}_{mmmm} \end{bmatrix} \begin{bmatrix} \eta_{i1}\eta_{i1}\boldsymbol{x} \\ \vdots \\ \eta_{i1}\eta_{im}\boldsymbol{x} \\ \eta_{i2}\eta_{i1}\boldsymbol{x} \\ \vdots \\ \eta_{i2}\eta_{im}\boldsymbol{x} \\ \vdots \\ \eta_{im}\eta_{im}\boldsymbol{x} \end{bmatrix}$$

考虑式(2.2)，对于任意的 $\boldsymbol{x}(k) \neq \boldsymbol{0}$，$\Delta V(\boldsymbol{x}(k)) < 0$，所以系统(2.1)在任意切换律下是渐近稳定的.

对定理2.2中的条件(2.3)，正定矩阵 $\boldsymbol{P}$ 和矩阵 $\boldsymbol{K}_{i\vartheta}$，$\boldsymbol{K}_{i\iota}$ 为未知矩阵，需要在矩阵不等式中求解. 这样，定理2.2中的式(2.3)就不是线性矩阵不等式，

也就不能应用 LMI 技术．定理 2.3 可将定理 2.2 的矩阵不等式等价地转化为线性矩阵不等式．

定理 2.3　假设存在一个正定矩阵 $\boldsymbol{P}$，使得

$$\begin{bmatrix} \boldsymbol{Q}_{i1111} & \cdots & \boldsymbol{Q}_{i111m} & \boldsymbol{Q}_{i1121} & \cdots & \boldsymbol{Q}_{i112m} & \cdots & \boldsymbol{Q}_{i11mm} \\ \vdots & & & & & & & \vdots \\ \boldsymbol{Q}_{i1m11} & & \ddots & & & & & \boldsymbol{Q}_{i1mmm} \\ \boldsymbol{Q}_{i2111} & & & & & & & \\ \vdots & & & & \ddots & & & \vdots \\ \boldsymbol{Q}_{i2m11} & & & & & & & \vdots \\ \vdots & & & & & & & \\ \boldsymbol{Q}_{imm11} & & \cdots & & & \cdots & & \boldsymbol{Q}_{immmm} \end{bmatrix} < 0 \tag{2.4}$$

成立，其中

$$\boldsymbol{Q}_{il\vartheta j\iota} = \boldsymbol{A}_{il}^{\mathrm{T}}\boldsymbol{P}\boldsymbol{A}_{ij} + \boldsymbol{A}_{il}^{\mathrm{T}}\boldsymbol{H}_{ij\iota} + \boldsymbol{H}_{il\vartheta}{}^{\mathrm{T}}\boldsymbol{A}_{ij} + \boldsymbol{H}_{il\vartheta j\iota} - \boldsymbol{P}$$

$$(i=1,\ 2,\ \cdots,\ N;\ l,\ \vartheta,\ j,\ \iota=1,\ 2,\ \cdots,\ m)$$

那么系统(2.1)在任意切换律下是渐近稳定的.

证明　$\boldsymbol{H}_{ij\iota} = \boldsymbol{P}\boldsymbol{B}_{ij}\boldsymbol{K}_{i\iota}$，$\boldsymbol{H}_{il\vartheta} = \boldsymbol{P}\boldsymbol{B}_{il}\boldsymbol{K}_{i\vartheta}$，$\boldsymbol{H}_{il\vartheta j\iota} = (\boldsymbol{B}_{il}\boldsymbol{K}_{i\vartheta})^{\mathrm{T}}\boldsymbol{P}(\boldsymbol{B}_{ij}\boldsymbol{K}_{i\iota})$

显然，由定理 2.2 有

$$\begin{aligned} \boldsymbol{Q}_{il\vartheta j\iota} &= (\boldsymbol{A}_{il} + \boldsymbol{B}_{il}\boldsymbol{K}_{i\vartheta})^{\mathrm{T}}\boldsymbol{P}(\boldsymbol{A}_{ij} + \boldsymbol{B}_{ij}\boldsymbol{K}_{i\iota}) - \boldsymbol{P} \\ &= \boldsymbol{A}_{il}^{\mathrm{T}}\boldsymbol{P}\boldsymbol{A}_{ij} + \boldsymbol{A}_{il}^{\mathrm{T}}\boldsymbol{P}(\boldsymbol{B}_{ij}\boldsymbol{K}_{i\iota}) + (\boldsymbol{B}_{il}\boldsymbol{K}_{i\vartheta})^{\mathrm{T}}\boldsymbol{P}\boldsymbol{A}_{ij} + (\boldsymbol{B}_{il}\boldsymbol{K}_{i\vartheta})^{\mathrm{T}}\boldsymbol{P}(\boldsymbol{B}_{ij}\boldsymbol{K}_{i\iota}) - \boldsymbol{P} \\ &= \boldsymbol{A}_{il}^{\mathrm{T}}\boldsymbol{P}\boldsymbol{A}_{ij} + \boldsymbol{A}_{il}^{\mathrm{T}}\boldsymbol{H}_{ij\iota} + \boldsymbol{H}_{il\vartheta}{}^{\mathrm{T}}\boldsymbol{A}_{ij} + \boldsymbol{H}_{il\vartheta j\iota} - \boldsymbol{P} \end{aligned}$$

这样，现在可以利用 LMI 技术求解出矩阵 $\boldsymbol{P}$，$\boldsymbol{H}_{ij\iota}$，$\boldsymbol{H}_{il\vartheta}$，$\boldsymbol{H}_{il\vartheta j\iota}$，再将求得的 $\boldsymbol{P}$ 代入式(2.4)中，从而得到矩阵 $\boldsymbol{K}_{i\vartheta}$ 和 $\boldsymbol{K}_{i\iota}$，即可得到系统(2.1)的模糊控制器.

2.4　保证稳定性的切换律设计

下面考虑类似于式(2.1)，由 N_σ 条规则构成的离散切换模糊系统：

$$R_\sigma^l:\ \text{If } \bar{x}_1 \text{ is } M_{\sigma 1}^l \cdots \text{and } \bar{x}_p \text{ is } M_{\sigma p}^l,\ \text{then}$$

$$\boldsymbol{x}(k+1) = \boldsymbol{A}_{\sigma l}\boldsymbol{x}(k) + \boldsymbol{B}_{\sigma l}\boldsymbol{u}_\sigma(k) \quad (l=1,\ 2,\ \cdots,\ N_\sigma) \tag{2.5}$$

其中，分段常值函数 $\sigma=\sigma(\boldsymbol{x}(k))$：$\{0, 1, \cdots\}\to\{1, 2, \cdots, m\}$ 是一个切换信号；$\bar{\boldsymbol{x}}=[\bar{x}_1 \quad \bar{x}_2 \quad \cdots \quad \bar{x}_p]$ 为前件变量，它可以是系统的可测量变量或状态变量.

可以得到第 i 个切换子系统的全局模型：

$$\boldsymbol{x}(k+1) = \sum_{l=1}^{N_i} \boldsymbol{\eta}_{il}(\bar{\boldsymbol{x}}(k))(\boldsymbol{A}_{il}\boldsymbol{x}(k) + \boldsymbol{B}_{il}u_i(k)) \quad (i=1,2,\cdots,m)$$

其中

$$0 \leqslant \boldsymbol{\eta}_{il}(\bar{\boldsymbol{x}}(k)) \leqslant 1,\ \sum_{l=1}^{N_i} \boldsymbol{\eta}_{il}(\bar{\boldsymbol{x}}(k)) = 1 \tag{2.6}$$

本节的主要目的是寻找切换策略使离散切换系统(2.5)渐近稳定的条件.

2.4.1 单 Lyapunov 函数方法

(1) $\boldsymbol{u}=\boldsymbol{0}$的情形

容易证明下面的引理.

引理 2.1　设 $a_{ij_i}(1\leqslant i\leqslant m,\ 1\leqslant j_i\leqslant N_i)$ 是一组实数. 若 $\sum_{i=1}^{m} a_{ij_i} < 0$ 对 $\forall 1\leqslant j_i\leqslant N_i$ 均成立，则一定存在某个 i，使 $a_{ij_i}<0$，$1\leqslant j_i\leqslant N_i$.

定理 2.4　假设存在一个正定矩阵 $\boldsymbol{P}$ 和常数 $\lambda_{ij_i}>0(i=1, 2, \cdots, m;\ j_i=1, 2, \cdots, N_i)$，使得

$$\sum_{i=1}^{m} \lambda_{ij_i}(\boldsymbol{A}_{ij_i}^{\mathrm{T}}\boldsymbol{P}\boldsymbol{A}_{i\vartheta_i} - \boldsymbol{P}) < 0 \quad (j_i,\vartheta_i = 1,2,\cdots,N_i) \tag{2.7}$$

成立，那么系统(2.5)在切换律

$$\boldsymbol{\sigma}=\boldsymbol{\sigma}(\boldsymbol{x}(k)) = \arg\min\{\bar{V}_i(\boldsymbol{x}(k))\} \tag{2.8}$$

下是渐近稳定的，其中

$$\bar{V}_i(\boldsymbol{x}(k)) \triangleq \max_{j_i,\vartheta_i}\{\boldsymbol{x}^{\mathrm{T}}(k)(\boldsymbol{A}_{ij_i}^{\mathrm{T}}\boldsymbol{P}\boldsymbol{A}_{i\vartheta_i}-\boldsymbol{P})\boldsymbol{x}(k)<0,\ j_i,\ \vartheta_i=1,\ 2,\ \cdots,\ N_i\}$$

证明　由式(2.7)可知，对于任意的 $\boldsymbol{x}(k)\neq\boldsymbol{0}$，有

$$\sum_{i=1}^{m} \lambda_{ij_i}\boldsymbol{x}^{\mathrm{T}}(k)(\boldsymbol{A}_{ij_i}^{\mathrm{T}}\boldsymbol{P}\boldsymbol{A}_{i\vartheta_i} - \boldsymbol{P})\boldsymbol{x}(k) < 0 \quad (j_i,\vartheta_i = 1,2,\cdots,N_i) \tag{2.9}$$

注意到对于任意的 j_i，$\vartheta_i\in\{1, 2, \cdots, N_i\}$ 和 $\lambda_{ij_i}>0$，式(2.9)都成立. 又由引理 2.1 可得，对于任意的 j_i，ϑ_i，至少存在一个 i，使得

$$\boldsymbol{x}^{\mathrm{T}}(k)(\boldsymbol{A}_{ij_i}^{\mathrm{T}}\boldsymbol{P}\boldsymbol{A}_{i\vartheta_i}-\boldsymbol{P})\boldsymbol{x}(k)<0 \tag{2.10}$$

可见切换律(2.8)是完全确定的.

取 Lyapunov 函数为 $V(\boldsymbol{x}(k))=\boldsymbol{x}^{\mathrm{T}}(k)\boldsymbol{P}\boldsymbol{x}(k)$，则

$$\begin{aligned}\Delta V(\boldsymbol{x}(k)) &= V(\boldsymbol{x}(k+1))-V(\boldsymbol{x}(k)) \\ &= \boldsymbol{x}^{\mathrm{T}}(k)\Big[\Big(\sum_{l=1}^{N_i}\eta_{il}\boldsymbol{A}_{il}\Big)^{\mathrm{T}}\boldsymbol{P}\Big(\sum_{r=1}^{N_i}\eta_{ir}\boldsymbol{A}_{ir}\Big)-\boldsymbol{P}\Big]\boldsymbol{x}(k) \\ &= \sum_{l=1}^{N_i}\eta_{il}\sum_{r=1}^{N_i}\eta_{ir}\boldsymbol{x}^{\mathrm{T}}(k)\big[\boldsymbol{A}_{il}^{\mathrm{T}}\boldsymbol{P}\boldsymbol{A}_{ir}-\boldsymbol{P}\big]\boldsymbol{x}(k)\end{aligned}$$

且在式(2.8)中有 $i=\sigma(\boldsymbol{x}(k))$. 考虑式(2.6)和式(2.10)，对于任意的 $\boldsymbol{x}(k)\neq\mathbf{0}$，$\Delta V(\boldsymbol{x}(k))<0$，所以系统(2.5)在切换律(2.8)下是渐近稳定的.

(2) $\boldsymbol{u}\neq\mathbf{0}$的情形

对于每个子离散模糊系统，本书采用常用的 PDC 模糊控制器，即 $u_i(k)=\sum_{l=1}^{N_i}\eta_{il}\boldsymbol{K}_{il}\boldsymbol{x}(k)$，可以得到第 i 个切换子系统的全局模型：

$$\boldsymbol{x}(k+1)=\sum_{l=1}^{N_i}\eta_{il}\sum_{r=1}^{N_i}\eta_{ir}(\boldsymbol{A}_{il}+\boldsymbol{B}_{il}\boldsymbol{K}_{ir})\boldsymbol{x}(k)$$

定理 2.5　假设存在一个正定矩阵 $\boldsymbol{P}$ 和常数 $\lambda_{ij_i}>0(i=1,2,\cdots,m;\ j_i=1,2,\cdots,N_i)$，使得

$$\sum_{i=1}^{m}\lambda_{ij_i}\big[(\boldsymbol{A}_{ij_i}+\boldsymbol{B}_{ij_i}\boldsymbol{K}_{i\vartheta_i})^{\mathrm{T}}\boldsymbol{P}(\boldsymbol{A}_{i\theta_i}+\boldsymbol{B}_{i\theta_i}\boldsymbol{K}_{iq_i})-\boldsymbol{P}\big]<0\quad(j_i,\vartheta_i,\theta_i,q_i=1,2,\cdots,N_i)\tag{2.11}$$

成立，那么系统(2.5)在切换律

$$\sigma=\sigma(\boldsymbol{x}(k))=\arg\min\{\bar{V}_i(\boldsymbol{x}(k))\}$$

下是渐近稳定的. 其中

$$\bar{V}_i(\boldsymbol{x}(k))\triangleq\max_{j_i,\vartheta_i,\theta_i,q_i}\{\boldsymbol{x}^{\mathrm{T}}(k)\big[(\boldsymbol{A}_{ij_i}+\boldsymbol{B}_{ij_i}\boldsymbol{K}_{i\vartheta_i})^{\mathrm{T}}\boldsymbol{P}(\boldsymbol{A}_{i\theta_i}+\boldsymbol{B}_{i\theta_i}\boldsymbol{K}_{iq_i})-\boldsymbol{P}\big]\boldsymbol{x}(k)<0,\ j_i,\vartheta_i,\theta_i,q_i=1,2,\cdots,N_i\}$$

证明从略.

注 2.1　与定理 2.2 类似，在定理 2.5 的式(2.11)中，正定矩阵 $\boldsymbol{P}$ 和矩阵 $\boldsymbol{K}_{i\vartheta_i}$，$\boldsymbol{K}_{iq_i}$为未知矩阵，需要在矩阵不等式中求解. 那么，条件(2.11)就等价地转化为下面的不等式：

$$\sum_{i=1}^{m}\lambda_{ij_i}\big[\boldsymbol{A}_{ij_i}^{\mathrm{T}}\boldsymbol{P}\boldsymbol{A}_{i\theta_i}+\boldsymbol{A}_{ij_i}^{\mathrm{T}}\boldsymbol{H}_{i\theta_iq_i}+\boldsymbol{H}_{ij_i\vartheta_i}^{\mathrm{T}}\boldsymbol{A}_{i\theta_i}+\boldsymbol{H}_{ij_i\vartheta_i\theta_iq_i}-\boldsymbol{P}\big]<0\tag{2.12}$$

其中，$H_{i\theta_i q_i}=PB_{i\theta_i}K_{i\vartheta_i}$，$H_{ij_i\vartheta_i}=PB_{ij_i}K_{i\vartheta_i}$，$H_{ij_i\vartheta_i\theta_i q_i}=(B_{ij_i}K_{i\vartheta_i})^{\mathrm{T}}P(B_{i\theta_i}K_{iq_i})$. 利用 LMI 技术可求解出矩阵 P，$H_{i\theta_i q_i}$，$H_{ij_i\vartheta_i}$，$H_{ij_i\vartheta_i\theta_i q_i}$，从而得到矩阵 $K_{i\vartheta_i}$，K_{iq_i}.

2.4.2　多 Lyapunov 函数方法

为简单起见，假设 $m=2$，即切换律 $\sigma(x(k))$：$\{0, 1, \cdots\}\to\{1, 2\}$.

(1) $u=0$的情形

定理 2.6　假设存在两个同时非负或同时非正的实数 β_1，β_2 及两个正定对称矩阵 P_1，P_2，使得下面两个不等式成立：

$$-A_{1j_1}^{\mathrm{T}}P_1A_{1\vartheta_1}+P_1+\beta_1(P_2-P_1)>0 \quad (j_1, \vartheta_1=1, 2, \cdots, N_i) \tag{2.13}$$

$$-A_{2j_2}^{\mathrm{T}}P_2A_{2\vartheta_2}+P_2+\beta_2(P_1-P_2)>0 \quad (j_2, \vartheta_2=1, 2, \cdots, N_i) \tag{2.14}$$

则存在切换函数 $\sigma=\sigma(x(k))$：$[0, +\infty)\to\{1, 2\}$，使系统(2.5)是渐近稳定的.

证明　不失一般性，假设 $\beta_1\geqslant 0$，$\beta_2\geqslant 0$. 取 Lyapunov 函数

$$V_i(x(k))=x^{\mathrm{T}}(k)P_ix(k) \quad (i=1, 2)$$

由式(2.13)和式(2.14)同时成立易知：

如果 $x(k)^{\mathrm{T}}(P_1-P_2)x(k)\geqslant 0$，且 $x(k)\neq 0$，则

$$x^{\mathrm{T}}(k)(A_{1j_1}^{\mathrm{T}}P_1A_{1\vartheta_1}-P_1)x(k)<0 \quad (j_1, \vartheta_1=1, 2, \cdots, N_i) \tag{2.15}$$

如果 $x(k)^{\mathrm{T}}(P_2-P_1)x(k)\geqslant 0$，且 $x(k)\neq 0$，则

$$x^{\mathrm{T}}(k)(A_{2j_2}^{\mathrm{T}}P_2A_{2\vartheta_2}-P_2)x(k)<0 \quad (j_2, \vartheta_2=1, 2, \cdots, N_i)$$

令

$$\Omega_1=\{x(k)\in\mathbf{R}^n \mid x^{\mathrm{T}}(k)(P_1-P_2)x(k)\geqslant 0, x(k)\neq 0\} \tag{2.16}$$

$$\Omega_2=\{x(k)\in\mathbf{R}^n \mid x^{\mathrm{T}}(k)(P_2-P_1)x(k)\geqslant 0, x(k)\neq 0\}$$

则 $\Omega_1\cup\Omega_2=\mathbf{R}^n\setminus\{0\}$.

切换律为

$$\sigma=\sigma(x(k))=\begin{cases}1, & x(k)\in\Omega_1\\ 2, & x(k)\in\Omega_2\setminus\Omega_1\end{cases} \tag{2.17}$$

考虑系统(2.5)，当 $x(k)\in\Omega_1$ 时

$$\begin{aligned}\Delta V_1(x(k)) &= x^{\mathrm{T}}(k+1)P_1x(k+1)-x^{\mathrm{T}}(k)P_1x(k)\\ &= \sum_{l=1}^{N_i}\eta_{1l}\sum_{r=1}^{N_i}\eta_{1r}x^{\mathrm{T}}(k)[A_{1l}^{\mathrm{T}}P_1A_{1r}-P_1]x(k)\end{aligned}$$

考虑式(2.6)和式(2.15)，对于任意的 $\boldsymbol{x}(k)\neq\boldsymbol{0}$，$\Delta V_1(\boldsymbol{x}(k))<0$. 同理，当 $\boldsymbol{x}(k)\in\Omega_2\setminus\Omega_1$ 时，有 $\Delta V_2(\boldsymbol{x}(k))<0$. 因而系统(2.5)在切换律(2.17)下是渐近稳定的.

(2) $\boldsymbol{u}\neq\boldsymbol{0}$的情形

同理，对于每个子离散模糊系统，采用 PDC 控制器设计方法.

定理 2.7　假设存在两个非负或非正实数 β_1，β_2 及两个正定对称矩阵 $\boldsymbol{P}_1$，$\boldsymbol{P}_2$，使得下面两个不等式成立：

$$-(\boldsymbol{A}_{1j_1}+\boldsymbol{B}_{1j_1}\boldsymbol{K}_{1\vartheta_1})^{\mathrm{T}}\boldsymbol{P}_1(\boldsymbol{A}_{1\theta_1}+\boldsymbol{B}_{1\theta_1}\boldsymbol{K}_{1g_1})+\boldsymbol{P}_1+\beta_1(\boldsymbol{P}_2-\boldsymbol{P}_1)>0$$
$$(j_1,\ \vartheta_1,\ \theta_1,\ g_1=1,\ 2,\ \cdots,\ N_i) \tag{2.18}$$

$$-(\boldsymbol{A}_{2j_2}+\boldsymbol{B}_{2j_2}\boldsymbol{K}_{2\vartheta_2})^{\mathrm{T}}\boldsymbol{P}_2(\boldsymbol{A}_{2\theta_2}+\boldsymbol{B}_{2\theta_2}\boldsymbol{K}_{2g_2})+\boldsymbol{P}_2+\beta_2(\boldsymbol{P}_1-\boldsymbol{P}_2)>0$$
$$(j_2,\ \vartheta_2,\ \theta_2,\ g_2=1,\ 2,\ \cdots,\ N_i) \tag{2.19}$$

则存在切换函数 $\sigma=\sigma(\boldsymbol{x}(k))$：$[0,\ +\infty)\rightarrow\{1,\ 2\}$，使系统(2.5)是渐近稳定的.

证明从略.

注 2.2　定理 2.6 和定理 2.7 仅研究了两个离散切换模糊系统之间切换的情形. 但从定理的证明过程中不难看到，定理的结论完全可以推广到在有限多个离散切换模糊系统之间切换的情形.

注 2.3　与定理 2.2 类似，在定理 2.7 的式(2.18)和式(2.19)中，正定矩阵 $\boldsymbol{P}_1$，$\boldsymbol{P}_2$ 和矩阵 $\boldsymbol{K}_{1\vartheta_1}$，$\boldsymbol{K}_{1g_1}$，$\boldsymbol{K}_{2\vartheta_2}$，$\boldsymbol{K}_{2g_2}$ 为未知矩阵，需要在矩阵不等式中求解. 那么，条件(2.18)和条件(2.19)就等价地转化为下面的不等式：

$$-(\boldsymbol{A}_{1j_1}^{\mathrm{T}}\boldsymbol{P}_1\boldsymbol{A}_{1\theta_1}+\boldsymbol{A}_{1j_1}^{\mathrm{T}}\boldsymbol{H}_{1\theta_1g_1}+\boldsymbol{H}_{1j_1\vartheta_1}^{\mathrm{T}}\boldsymbol{A}_{1\theta_1}+\boldsymbol{H}_{1j_1\vartheta_1\theta_1g_1})+\boldsymbol{P}_1+\beta_1(\boldsymbol{P}_2-\boldsymbol{P}_1)>0$$
$$-(\boldsymbol{A}_{2j_2}^{\mathrm{T}}\boldsymbol{P}_2\boldsymbol{A}_{2\theta_2}+\boldsymbol{A}_{2j_2}^{\mathrm{T}}\boldsymbol{H}_{2\theta_2g_2}+\boldsymbol{H}_{2j_2\vartheta_2}^{\mathrm{T}}\boldsymbol{A}_{2\theta_2}+\boldsymbol{H}_{2j_2\vartheta_2\theta_2g_2})+\boldsymbol{P}_2+\beta_2(\boldsymbol{P}_1-\boldsymbol{P}_2)>0$$

其中，$\boldsymbol{H}_{1\theta_1g_1}=\boldsymbol{P}_1\boldsymbol{B}_{1\theta_1}\boldsymbol{K}_{1g_1}$，$\boldsymbol{H}_{1j_1\vartheta_1}=\boldsymbol{P}_1\boldsymbol{B}_{1j_1}\boldsymbol{K}_{1\vartheta_1}$，$\boldsymbol{H}_{1j_1\vartheta_1\theta_1g_1}=(\boldsymbol{B}_{1j_1}\boldsymbol{K}_{1\vartheta_1})^{\mathrm{T}}\boldsymbol{P}_1(\boldsymbol{B}_{1\theta_1}\boldsymbol{K}_{1g_1})$；$\boldsymbol{H}_{2\theta_2g_2}=\boldsymbol{P}_2\boldsymbol{B}_{2\theta_2}\boldsymbol{K}_{2g_2}$，$\boldsymbol{H}_{2j_2\vartheta_2}=\boldsymbol{P}_2\boldsymbol{B}_{2j_2}\boldsymbol{K}_{2\vartheta_2}$，$\boldsymbol{H}_{2j_2\vartheta_2\theta_2g_2}=(\boldsymbol{B}_{2j_2}\boldsymbol{K}_{2\vartheta_2})^{\mathrm{T}}\boldsymbol{P}_2(\boldsymbol{B}_{2\theta_2}\boldsymbol{K}_{2g_2})$. 利用 LMI 技术可求解出矩阵 $\boldsymbol{P}_i$，$\boldsymbol{H}_{i\theta_ig_i}$，$\boldsymbol{H}_{ij_i\vartheta_i}$，$\boldsymbol{H}_{ij_i\vartheta_i\theta_ig_i}$ $(i=1,\ 2)$，从而得到矩阵 $\boldsymbol{K}_{1\vartheta_1}$，$\boldsymbol{K}_{1g_1}$，$\boldsymbol{K}_{2\vartheta_2}$，$\boldsymbol{K}_{2g_2}$.

以下所给出的定理如有类似情形，采取同样的处理方法.

注 2.4　切换系统是将整个状态空间 $\mathbf{R}^n$ 划分为 m 个子区域 Ω_1，$\cdots$，Ω_m，每个子区域上有一个切换子系统工作. 通过切换律在子系统间进行切换，来保证切换系统的稳定性. 模糊系统是将系统状态空间划分为多个模糊子区域，在每个子区域中建立局部的线性模型，总的模型由模糊隶属度函数连接的一系列局部模型组成.

本章切换律的设计为状态依赖型的切换模糊系统，简单的示意图如图 2.1 所示. 图 2.1 中，Ω_i 表示第 i 个切换子系统的状态区域，Ω_{il} 表示 Ω_i 中的第 l 个模糊子区域. 实际上，定理 2.4 ~ 定理 2.7 中所研究的切换模糊系统是又在 Ω_i 子区域上划分 ℓ 个模糊子区域 Ω_{i1}，…，Ω_{il}，…，$\Omega_{i\ell}$，每个模糊子区域内是局部线性模型，即 Ω_{il} 内的局部模型为 $\boldsymbol{x}(k+1)=\boldsymbol{A}_{il}\boldsymbol{x}(k)+\boldsymbol{B}_{il}u_i(k)$. 每个切换子区域 Ω_1，…，Ω_m 内的模型是由模糊隶属度函数连接的局部模型组成的.

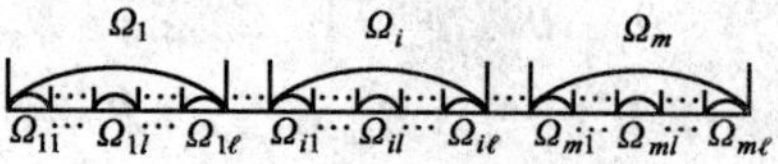

图 2.1　切换模糊系统示意图

这里，为使切换模糊系统稳定，对模糊子区域的模型设计切换律. 当模糊子区域内的局部模型满足切换规则时，切换到 Ω_i 的子系统上.

2.5　仿真例子

例 2.1　为说明定理 2.1，考虑如下离散切换模糊系统：

$$R_1^1:\ \text{If } z(k) \text{ is } \boldsymbol{M}_{11}^1,\ \text{then } \boldsymbol{x}(k+1)=\boldsymbol{A}_{11}\boldsymbol{x}(k)$$
$$R_1^2:\ \text{If } z(k) \text{ is } \boldsymbol{M}_{11}^2,\ \text{then } \boldsymbol{x}(k+1)=\boldsymbol{A}_{12}\boldsymbol{x}(k)$$
$$R_2^1:\ \text{If } z(k) \text{ is } \boldsymbol{M}_{21}^1,\ \text{then } \boldsymbol{x}(k+1)=\boldsymbol{A}_{21}\boldsymbol{x}(k)$$
$$R_2^2:\ \text{If } z(k) \text{ is } \boldsymbol{M}_{21}^2,\ \text{then } \boldsymbol{x}(k+1)=\boldsymbol{A}_{22}\boldsymbol{x}(k)$$

其中

$$\boldsymbol{A}_{11}=\begin{bmatrix}0 & 1\\ -0.0493 & -1.0493\end{bmatrix},\ \boldsymbol{A}_{12}=\begin{bmatrix}0 & 1\\ -0.0132 & -0.4529\end{bmatrix}$$
$$\boldsymbol{A}_{21}=\begin{bmatrix}0 & 1\\ -0.2 & -0.1\end{bmatrix},\ \boldsymbol{A}_{22}=\begin{bmatrix}0.2 & 1\\ -0.8 & -0.9\end{bmatrix}$$

隶属度函数分别为

$$\mu_{11}(z(k))=1-\frac{1}{1+\mathrm{e}^{-2z(k)}},\quad \mu_{12}(z(k))=\frac{1}{1+\mathrm{e}^{-2z(k)}}$$

$$\mu_{21}(z(k)) = 1 - \frac{1}{1 + e^{-2(z(k) - 0.3)}},\ \mu_{22}(z(k)) = \frac{1}{1 + e^{-2(z(k) - 0.3)}}$$

根据定理 2.1，对于

$$\begin{bmatrix} Q_{i11} & Q_{i12} \\ Q_{i21} & Q_{i22} \end{bmatrix} < 0$$

其中

$$Q_{i\iota\iota} = A_{i\iota}^{\mathrm{T}} P A_{i\iota} - P$$

$$Q_{i\iota j} = A_{i\iota}^{\mathrm{T}} P A_{ij} - P,\ Q_{ij\iota} = A_{ij}^{\mathrm{T}} P A_{i\iota} - P \quad (\iota,\ j = 1,\ 2)$$

可求出矩阵

$$P = \begin{bmatrix} 0.0616 & 0.0362 \\ 0.0362 & 0.1005 \end{bmatrix}$$

那么系统在任意切换律下是渐近稳定的.

利用 Matlab 仿真，对于初始点[0.5，1]，采样时间取 $t = 0.05$，仿真结果如图 2.2 所示.

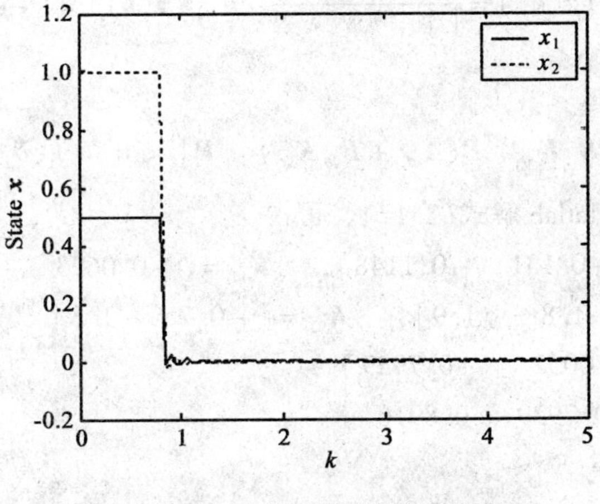

图 2.2　例 2.1 中系统的状态响应曲线

例 2.2　针对单 Lyapunov 函数方法，为说明定理 2.5，现在考虑如下离散切换模糊系统：

$$R_1^1:\ \text{If } z(k) \text{ is } M_{11}^1,\ \text{then } x(k+1) = A_{11}x(k) + B_{11}u_1(k)$$

$$R_1^2:\ \text{If } z(k) \text{ is } M_{11}^2,\ \text{then } x(k+1) = A_{12}x(k) + B_{12}u_1(k)$$

R_2^1: If $z(k)$ is $\boldsymbol{M}_{21}^1$, then $\boldsymbol{x}(k+1)=\boldsymbol{A}_{21}\boldsymbol{x}(k)+\boldsymbol{B}_{21}u_2(k)$

R_2^2: If $z(k)$ is $\boldsymbol{M}_{21}^2$, then $\boldsymbol{x}(k+1)=\boldsymbol{A}_{22}\boldsymbol{x}(k)+\boldsymbol{B}_{22}u_2(k)$

其中

$$\boldsymbol{A}_{11}=\begin{bmatrix}0 & 1\\ -0.0493 & -1.0493\end{bmatrix},\ \boldsymbol{B}_{11}=\begin{bmatrix}0\\ 0.4926\end{bmatrix}$$

$$\boldsymbol{A}_{12}=\begin{bmatrix}0 & 1\\ -0.0132 & -0.4529\end{bmatrix},\ \boldsymbol{B}_{12}=\begin{bmatrix}0\\ 0.1316\end{bmatrix}$$

$$\boldsymbol{A}_{21}=\begin{bmatrix}0 & 1\\ -0.2 & -0.1\end{bmatrix},\ \boldsymbol{B}_{21}=\begin{bmatrix}0\\ 1\end{bmatrix}$$

$$\boldsymbol{A}_{22}=\begin{bmatrix}0.2 & 1\\ -0.8 & -0.9\end{bmatrix},\ \boldsymbol{B}_{22}=\begin{bmatrix}0\\ 1\end{bmatrix}$$

隶属度函数分别为

$$\mu_{M_{11}^1}(z(k))=\frac{1}{1+\mathrm{e}^{-2z(k)}},\ \mu_{M_{11}^2}(z(k))=1-\mu_{M_{11}^1}$$

$$\mu_{M_{21}^1}(z(k))=\frac{1}{1+\mathrm{e}^{-2(z(k)-0.3)}},\ \mu_{M_{21}^2}(z(k))=1-\mu_{M_{21}^1}$$

由定理 2.5，对于

$$\sum_{i=1}^{2}\lambda_{ij_i}[(\boldsymbol{A}_{ij_i}+\boldsymbol{B}_{ij_i}\boldsymbol{K}_{i\vartheta_i})^{\mathrm{T}}\boldsymbol{P}(\boldsymbol{A}_{i\theta_i}+\boldsymbol{B}_{i\theta_i}\boldsymbol{K}_{iq_i})-\boldsymbol{P}]<0\quad(j_i,\vartheta_i,\theta_i,q_i=1,2)$$

取 $\lambda_{ij_i}=1$，应用 Matlab 解式(2.12)，可得

$$\boldsymbol{K}_{11}=[-0.131\quad -0.1148],\quad \boldsymbol{K}_{12}=[-0.0623\quad -2.302]$$

$$\boldsymbol{K}_{21}=[-1.8\quad -1.9],\quad \boldsymbol{K}_{22}=[-0.7\quad -1.3]$$

$$\boldsymbol{P}=\begin{bmatrix}1.0052 & -0.7929\\ 0.7929 & 0.8916\end{bmatrix}$$

那么系统在切换律

$$\sigma=\sigma(\boldsymbol{x}(k))=\arg\min\{\bar{V}_i(\boldsymbol{x}(k))\}$$

下是渐近稳定的. 其中

$$\bar{V}_i(\boldsymbol{x}(k))\triangleq\max_{j_i,\vartheta_i,\theta_i,q_i}\{\boldsymbol{x}^{\mathrm{T}}[(\boldsymbol{A}_{ij_i}+\boldsymbol{B}_{ij_i}\boldsymbol{K}_{i\vartheta_i})^{\mathrm{T}}\boldsymbol{P}(\boldsymbol{A}_{i\theta_i}+\boldsymbol{B}_{i\theta_i}\boldsymbol{K}_{iq_i})-\boldsymbol{P}]\boldsymbol{x}<0,\quad j_i,\ \vartheta_i,\ \theta_i,\ q_i=1,\ 2\}$$

利用 Matlab 仿真，对于初始点[1, 5]，采样时间取 $t=0.05$，仿真结果如图 2.3 所示.

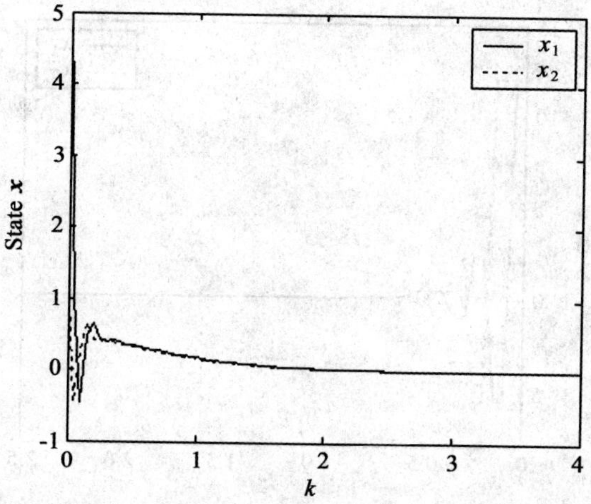

图 2.3　例 2.2 中系统的状态响应曲线

例 2.3　针对多 Lyapunov 函数方法，为说明定理 2.7，下面考虑例 2.2 中的离散切换模糊系统，另取

$$\boldsymbol{A}_{11}=\begin{bmatrix}0 & 1\\ -0.0493 & -1.0493\end{bmatrix},\ \boldsymbol{B}_{11}=\begin{bmatrix}0\\ 0.4926\end{bmatrix}$$

$$\boldsymbol{A}_{12}=\begin{bmatrix}0 & 1\\ -0.0132 & -0.4529\end{bmatrix},\ \boldsymbol{B}_{12}=\begin{bmatrix}0\\ 0.1316\end{bmatrix}$$

$$\boldsymbol{A}_{21}=\begin{bmatrix}0 & 1\\ -1.2941 & 0\end{bmatrix},\ \boldsymbol{B}_{21}=\begin{bmatrix}0\\ 0.1765\end{bmatrix}$$

$$\boldsymbol{A}_{22}=\begin{bmatrix}0 & 1\\ -1.4706 & 0\end{bmatrix},\ \boldsymbol{B}_{22}=\begin{bmatrix}0\\ 0.1765\end{bmatrix}$$

取与例 2.2 中相同的隶属函数，令 $\beta_1=0.25$，$\beta_2=0.65$，由式(2.18)和式(2.19)可解得

$$\boldsymbol{P}_1=\begin{bmatrix}1.4244 & -0.3152\\ -0.3152 & 0.2932\end{bmatrix},\ \boldsymbol{P}_2=\begin{bmatrix}0.8640 & 0.6124\\ 0.6124 & 1.1002\end{bmatrix}$$

$$\boldsymbol{K}_{11}=[-0.131\quad -0.1148],\ \boldsymbol{K}_{12}=[-0.0623\quad -2.302]$$

$$\boldsymbol{K}_{21}=[-4.4991\quad 8.4986],\ \boldsymbol{K}_{22}=[-5.4991\quad 8.4986]$$

则系统在切换律(2.16)下是渐近稳定的. 对于初始点[12, 12]，采样时间取 $t=0.1$，仿真结果如图 2.4 所示.

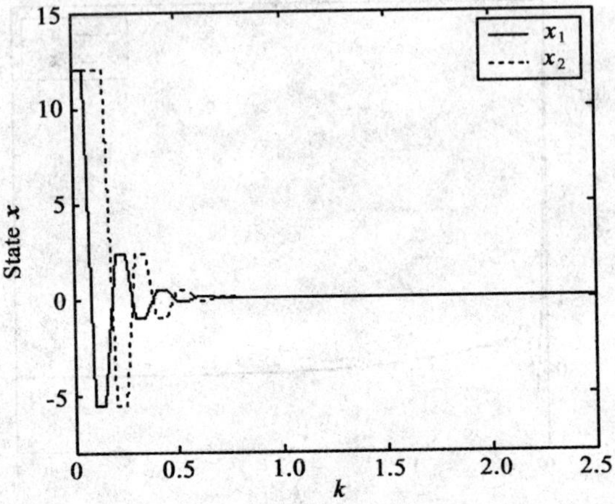

图 2.4　例 2.3 中系统的状态响应曲线

2.6　结　论

本章研究了一类离散切换模糊系统的稳定性问题. 首先给出了离散切换模糊系统的新模型，把离散模糊系统作为切换系统的子系统，设计其系统渐近稳定的切换律. 在给出任意切换下系统的稳定性条件后，又利用单 Lyapunov 函数及多 Lyapunov 函数，考虑每个子离散模糊系统无控制输入和采用 PDC 控制器时的稳定性条件. 最后，通过仿真例子验证了结论的正确性，缩短了系统状态响应时间，提高了系统的性能.

第 3 章　模糊系统的混杂控制

3.1 引　言

近年来，混杂控制(又称控制器切换)问题引起了人们的广泛关注．对于线性时不变控制系统而言，如果它是可稳定的和可检测的，则一定存在连续动态输出反馈控制器使系统是渐近稳定的．而现实中这种控制器有时由于其复杂性而难以实现．另外，在许多控制问题中，物质条件和复杂性的限制制约了可获得的控制器选择，有时控制系统只能使用事先指定的控制器，即控制行为由有限个给定的控制器之间的切换决定．这种控制器切换的典型实例包括步进电动机电机驱动装置[98]、计算机磁盘驱动器[4]、某些机器人控制系统[80]和一些柔性制造系统[99]等．所以在有限个备选的控制器之间设计一个切换律使得受控系统渐近稳定是一个既有理论意义又有实际意义的问题．文献[100]指出线性时不变控制系统是可由有限个混杂输出反馈镇定的．文献[23]进一步利用混杂输出反馈控制策略研究了这类系统的镇定问题，但没有考虑系统具有外部扰动输入和不确定性的情形．

对于模糊系统来说，T-S 模糊控制是基于模型的模糊控制研究平台的最流行、最有前途的方法之一．T-S 模糊系统通过模糊规则给出非线性系统的局部线性表示，可以以任意精度逼近 $\mathbf{R}^n$ 的任意一个闭集上的连续函数，这样就可利用线性系统的理论和方法分析和设计可被 T-S 模糊系统描述的非线性系统．该方法可以将非线性系统的稳定性分析转化为局部的线性时变“extreme”系统的稳定性分析，这样，许多非线性系统可以被 T-S 模糊系统表示并且可以利用线性系统方法去分析和设计非线性系统控制器．目前，许多模糊控制专家对此进行了深入的研究．首先，Tanaka 和他的同行在一系列论文[59,61,72-73,101-103]

中，对所有的模糊子系统考虑一个共同的 Lyapunov 函数，给出了 T-S 模糊系统二次稳定的充分条件. 随后，Tanaka 等人又将上述结果推广到模糊系统的鲁棒控制问题及一类非线性系统的鲁棒稳定问题. 值得注意的是，文献[80，110]通过考虑模糊子系统间的相互作用，放宽了 T-S 模糊系统稳定的条件，改进了 Tanaka 等人的条件.

目前，基于混杂反馈的模糊控制问题少有报道. 本章在控制系统混杂反馈理论研究的基础上，利用混杂状态反馈控制策略研究了一类普通模糊系统和具有不确定性的模糊系统稳定控制器的设计问题. 所处理的是比模糊模型更为广泛的一类系统模型. 本章首先讨论了连续和离散模糊系统混杂控制器的设计及切换律的设计问题. 其次，研究了不确定模糊系统混杂鲁棒控制器及切换律的设计，分别利用单 Lyapunov 函数技术和多 Lyapunov 函数技术给出系统可镇定的条件，同时利用凸组合条件和多 Lyapunov 函数方法，得到两种控制器的切换方案. 另外，本章的结果也表明，使用控制器切换技术，在充分利用现有资源的基础上，将达到改善误差系统性能的作用. 它为系统构造依赖于反馈控制器问题的研究提供了一个新视角.

3.2 混杂控制问题的提出

（1）N_i 条规则构成的连续 T-S 模糊系统

$$R^l\text{: If } \xi_1 \text{ is } M_1^l \cdots \text{and } \xi_p \text{ is } M_p^l\text{, then}$$

$$\dot{\boldsymbol{x}}(t)=\boldsymbol{A}_l\boldsymbol{x}(t)+\boldsymbol{B}_l\boldsymbol{u}(t) \quad (l=1,\ 2,\ \cdots,\ N_i) \tag{3.1}$$

其中，R^l 代表第 l 条模糊规则；$N_i(i=1,\ 2,\ \cdots)$ 是模糊规则数；$\boldsymbol{x}(t)=[x_1(t)\quad x_2(t)\quad \cdots\quad x_n(t)]^{\mathrm{T}}\in\mathbf{R}^n$；$\boldsymbol{A}_l$，$\boldsymbol{B}_l$ 为已知的具有适当维数的常数矩阵；$\boldsymbol{\xi}=[\xi_1\quad \xi_2\quad \cdots\quad \xi_p]$为前件变量，可以是系统的可测量变量或状态变量.

可以得到连续模糊系统的全局模型：

$$\dot{\boldsymbol{x}}(t)=\sum_{l=1}^{N_i}\eta_l(\boldsymbol{\xi}(t))[\boldsymbol{A}_l\boldsymbol{x}(t)+\boldsymbol{B}_l\boldsymbol{u}(t)]$$

式中

$$0\leqslant\eta_l(\boldsymbol{\xi}(t))\leqslant 1,\ \sum_{l=1}^{N_i}\eta_l(\boldsymbol{\xi}(t))=1 \tag{3.2}$$

$$\eta_l(\boldsymbol{\xi}(t)) = \frac{\prod_{\rho=1}^{p}\mu_\rho^l(\xi_\rho)}{\sum_{l=1}^{N_i}\prod_{\rho=1}^{p}\mu_\rho^l(\xi_\rho)}$$

其中，$\mu_\rho^l(\xi_\rho)$表示 ξ_ρ 属于模糊集 μ_ρ^l 的隶属度函数.

（2）离散 T-S 模糊模型

离散模糊系统可写成：

$$R^l:\ \text{If } \xi_1 \text{ is } M_1^l \cdots \text{and } \xi_p \text{ is } M_p^l,\ \text{then}$$

$$\boldsymbol{x}(k+1) = \boldsymbol{A}_l\boldsymbol{x}(k) + \boldsymbol{B}_l\boldsymbol{u}(k) \quad (l=1,\ 2,\ \cdots,\ N_i) \tag{3.3}$$

同样，可以得到离散模糊系统的全局模型：

$$\boldsymbol{x}(k+1) = \sum_{l=1}^{N_i}\eta_l(k)[\boldsymbol{A}_l\boldsymbol{x}(k) + \boldsymbol{B}_l\boldsymbol{u}(k)]$$

其中

$$0 \leqslant \eta_l(k) \leqslant 1,\ \sum_{l=1}^{N_i}\eta_l(k) = 1$$

对于一个模糊系统，当一个单一控制器不能镇定系统时，在指定的控制器中进行控制器切换有可能镇定系统. 有时，即使存在一个镇定系统的控制器，由于其结构复杂和其他物理限制，因此使用起来可能不方便、不经济或不现实，此时仍然有必要使用有限个结构简单的控制器，而且采用这种混杂控制策略还经常可以提高系统的性能.

对于连续模糊系统，采用常用的 PDC 模糊控制器设计方法，即 PDC 模糊控制器与系统(3.1)具有相同的模糊推理前件.

$$R_c^l:\ \text{If } \xi_1 \text{ is } M_1^l \cdots \text{and } \xi_p \text{ is } M_p^l,\ \text{then}$$

$$\boldsymbol{u}(t) = \boldsymbol{K}_l\boldsymbol{x}(t) \quad (l=1,\ 2,\ \cdots,\ N_i)$$

现在假设存在 m 个指定的 PDC 模糊控制器，系统(3.1)的控制器可以在 m 个 PDC 模糊控制器中切换，则系统(3.1)可以被描述为

$$R^l:\ \text{If } \xi_1 \text{ is } M_1^l \cdots \text{and } \xi_p \text{ is } M_p^l,\ \text{then}$$

$$\dot{\boldsymbol{x}}(t) = \boldsymbol{A}_l\boldsymbol{x}(t) + \boldsymbol{B}_l\boldsymbol{u}_{\sigma(t)}(t) \quad (l=1,\ 2,\ \cdots,\ N_i) \tag{3.4}$$

其中，分段常值函数 σ：$\mathbf{R}_+ \to M = \{1,\ 2,\ \cdots,\ m\}$ 是一个待设计的切换信号.

对于第 i 个子模糊控制器，连续模糊系统可写成

$$R^l:\ \text{If } \xi_1 \text{ is } M_1^l \cdots \text{and } \xi_p \text{ is } M_p^l,\ \text{then}$$

$$\dot{\boldsymbol{x}}(t) = \boldsymbol{A}_l\boldsymbol{x}(t) + \boldsymbol{B}_l u_i(t) \quad (l = 1,2,\cdots,N_i;i = 1,2,\cdots,m)$$

可以得到连续模糊系统的全局模型：

$$\dot{\boldsymbol{x}}(t) = \sum_{l=1}^{N_i} \boldsymbol{\eta}_l(\boldsymbol{\xi}(t))[\boldsymbol{A}_l\boldsymbol{x}(t) + \boldsymbol{B}_l u_i(t)]$$

在指定的控制器中，取第 i 个子模糊控制器的全局模型为

$$u_i(t) = \sum_{l=1}^{N_i} \boldsymbol{\eta}_l \boldsymbol{K}_{il}\boldsymbol{x}(t)$$

那么，可以得到闭环连续模糊系统的全局模型：

$$\dot{\boldsymbol{x}}(t) = \sum_{l=1}^{N_i} \boldsymbol{\eta}_l(t) \sum_{r=1}^{N_i} \boldsymbol{\eta}_r(t)(\boldsymbol{A}_l + \boldsymbol{B}_l\boldsymbol{K}_{ir})\boldsymbol{x}(t)$$

同理，考虑系统(3.3)，可以得到离散模糊系统的全局模型：

$$\boldsymbol{x}(k+1) = \sum_{l=1}^{N_i} \boldsymbol{\eta}_l(k)[\boldsymbol{A}_l\boldsymbol{x}(k) + \boldsymbol{B}_l u_i(k)] \tag{3.5}$$

取相同的 PDC 模糊控制器，可以得到闭环离散模糊系统的全局模型：

$$\boldsymbol{x}(k+1) = \sum_{l=1}^{N_i} \boldsymbol{\eta}_l(k) \sum_{r=1}^{N_i} \boldsymbol{\eta}_r(k)(\boldsymbol{A}_l + \boldsymbol{B}_l\boldsymbol{K}_{ir})\boldsymbol{x}(k)$$

3.3　混杂控制律的设计

这一节的目的是寻求一个切换规律 σ：$\mathbf{R}_+ \to M = \{1, 2, \cdots, m\}$ 的设计方案，使得系统(3.1)和系统(3.3)在给出的设计方案下是渐近稳定的. 分别考虑连续模糊系统和离散模糊系统的情形.

下面的定理给出系统(3.1)渐近稳定的一个条件，并给出切换律的设计方法.

定理 3.1　假设存在正定矩阵 $\boldsymbol{P}$ 和常数 $\lambda_{i\vartheta_i} > 0$（$i = 1, 2, \cdots, m$，$\vartheta_i = 1, 2, \cdots, N_i$），使得

$$\sum_{i=1}^{m} \lambda_{i\vartheta_i}[(\boldsymbol{A}_{j_i} + \boldsymbol{B}_{j_i}\boldsymbol{K}_{i\vartheta_i})^{\mathrm{T}}\boldsymbol{P} + \boldsymbol{P}(\boldsymbol{A}_{j_i} + \boldsymbol{B}_{j_i}\boldsymbol{K}_{i\vartheta_i})] < 0 \quad (j_i, \vartheta_i = 1,2,\cdots,N_i) \tag{3.6}$$

成立，那么系统(3.4)在切换律

$$\sigma(\boldsymbol{x}(t)) = \arg\min_i\{\boldsymbol{x}^{\mathrm{T}}(t)[(\boldsymbol{A}_{j_i} + \boldsymbol{B}_{j_i}\boldsymbol{K}_{i\vartheta_i})^{\mathrm{T}}\boldsymbol{P} + \boldsymbol{P}(\boldsymbol{A}_{j_i} + \boldsymbol{B}_{j_i}\boldsymbol{K}_{i\vartheta_i})]\boldsymbol{x}(t) < 0,$$

$$j_i,\ \vartheta_i = 1,\ 2,\ \cdots,\ N_i\} \tag{3.7}$$

下是渐近稳定的.

证明　由式(3.6)可知，对于任意的 $\boldsymbol{x}(t) \neq \boldsymbol{0}$ 及 $i = 1,\ 2,\ \cdots,\ m$；$j_i,\ \vartheta_i = 1,\ 2,\ \cdots,\ N_i$，有

$$\sum_{i=1}^{m} \lambda_{i\vartheta_i} \boldsymbol{x}^{\mathrm{T}}(t)[(\boldsymbol{A}_{j_i} + \boldsymbol{B}_{j_i}\boldsymbol{K}_{i\vartheta_i})^{\mathrm{T}}\boldsymbol{P} + \boldsymbol{P}(\boldsymbol{A}_{j_i} + \boldsymbol{B}_{j_i}\boldsymbol{K}_{i\vartheta_i})]\boldsymbol{x}(t) < 0 \tag{3.8}$$

注意到对于任意的 $j_i,\ \vartheta_i \in \{1,\ 2,\ \cdots,\ N_i\}$ 和 $\lambda_{i\vartheta_i} > 0$，式(3.8)都成立. 又由引理 2.1 可得，对于 $\forall j_i,\ \vartheta_i$，至少存在一个 i，使得

$$\boldsymbol{x}^{\mathrm{T}}(t)[(\boldsymbol{A}_{j_i} + \boldsymbol{B}_{j_i}\boldsymbol{K}_{i\vartheta_i})^{\mathrm{T}}\boldsymbol{P} + \boldsymbol{P}(A_{j_i} + \boldsymbol{B}_{j_i}\boldsymbol{K}_{i\vartheta_i})]\boldsymbol{x}(t) < 0 \tag{3.9}$$

可见切换规则(3.7)完全确定.

取 Lyapunov 函数为

$$V(t) = \boldsymbol{x}^{\mathrm{T}}(t)\boldsymbol{P}\boldsymbol{x}(t)$$

对 Lyapunov 函数 $V(t)$ 求导数，有

$$\begin{aligned}\dot{V}(t) &= \dot{\boldsymbol{x}}^{\mathrm{T}}(t)\boldsymbol{P}\boldsymbol{x}(t) + \boldsymbol{x}^{\mathrm{T}}(t)\boldsymbol{P}\dot{\boldsymbol{x}}(t)\\ &= \sum_{l=1}^{N_i}\sum_{r=1}^{N_i} \eta_l\eta_r \boldsymbol{x}^{\mathrm{T}}(t)[(\boldsymbol{A}_l + \boldsymbol{B}_l\boldsymbol{K}_{ir})^{\mathrm{T}}\boldsymbol{P} + \boldsymbol{P}(\boldsymbol{A}_l + \boldsymbol{B}_l\boldsymbol{K}_{ir})]\boldsymbol{x}(t)\end{aligned}$$

考虑到式(3.2)和式(3.9)，可知 $\dot{V}(t) < 0$.

所以，系统(3.4)在切换律(3.7)下是渐近稳定的.

下面用同样的方法考虑离散模糊系统进行控制器切换的情形.

定理 3.2　假设存在正定矩阵 $\boldsymbol{P}$ 和常数 $\lambda_{i\vartheta_i} > 0(i = 1,\ 2,\ \cdots,\ m;\ \vartheta_i = 1,\ 2,\ \cdots,\ N_i)$，使得

$$\sum_{i=1}^{m} \lambda_{i\vartheta_i}[(\boldsymbol{A}_{j_i} + \boldsymbol{B}_{j_i}\boldsymbol{K}_{i\vartheta_i})^{\mathrm{T}}\boldsymbol{P}(\boldsymbol{A}_{\zeta_i} + \boldsymbol{B}_{\zeta_i}\boldsymbol{K}_{i\varepsilon_i}) - \boldsymbol{P}] < 0$$
$$(j_i, \vartheta_i, \zeta_i, \varepsilon_i = 1, 2, \cdots, N_i) \tag{3.10}$$

成立，那么系统(3.5)在切换律

$$\sigma(\boldsymbol{x}(k)) = \arg\min_i\{\boldsymbol{x}^{\mathrm{T}}(k)[(\boldsymbol{A}_{j_i} + \boldsymbol{B}_{j_i}\boldsymbol{K}_{i\vartheta_i})^{\mathrm{T}}\boldsymbol{P}(\boldsymbol{A}_{\zeta_i} + \boldsymbol{B}_{\zeta_i}\boldsymbol{K}_{i\varepsilon_i}) - \boldsymbol{P}]\boldsymbol{x}(k) < 0,$$
$$j_i,\ \vartheta_i,\ \zeta_i,\ \varepsilon_i = 1,\ 2,\ \cdots,\ N_i\} \tag{3.11}$$

下是渐近稳定的.

证明　同定理 3.1，由式(3.10)，对于任意的 $\boldsymbol{x}(k) \neq \boldsymbol{0}$ 及 $i = 1,\ 2,\ \cdots,\ m$；$j_i,\ \vartheta_i,\ \zeta_i,\ \varepsilon_i = 1,\ 2,\ \cdots,\ N_i$，有

$$\sum_{i=1}^{m} \lambda_{i\vartheta_i} \boldsymbol{x}^{\mathrm{T}}(k)[(\boldsymbol{A}_{j_i} + \boldsymbol{B}_{j_i}\boldsymbol{K}_{i\vartheta_i})^{\mathrm{T}}\boldsymbol{P}(\boldsymbol{A}_{\zeta_i} + \boldsymbol{B}_{\zeta_i}\boldsymbol{K}_{i\varepsilon_i}) - \boldsymbol{P}]\boldsymbol{x}(k) < 0$$

对于任意的 j_i, ϑ_i, ζ_i, $\varepsilon_i \in \{1, 2, \cdots, N_i\}$ 和 $\lambda_{i\vartheta_i} > 0$，至少存在一个 i，使得

$$\boldsymbol{x}^{\mathrm{T}}(k)[(\boldsymbol{A}_{j_i} + \boldsymbol{B}_{j_i}\boldsymbol{K}_{i\vartheta_i})^{\mathrm{T}}\boldsymbol{P}(\boldsymbol{A}_{\zeta_i} + \boldsymbol{B}_{\zeta_i}\boldsymbol{K}_{i\varepsilon_i}) - \boldsymbol{P}]\boldsymbol{x}(k) < 0$$

取 Lyapunov 函数为

$$V(k) = \boldsymbol{x}^{\mathrm{T}}(k)\boldsymbol{P}\boldsymbol{x}(k)$$

对 Lyapunov 函数 $V(k)$ 作差分：

$$\begin{aligned}\Delta V(\boldsymbol{x}(k)) &= V(\boldsymbol{x}(k+1)) - V(\boldsymbol{x}(k)) \\ &= \sum_{l=1}^{N_i}\sum_{r=1}^{N_i}\sum_{p=1}^{N_i}\sum_{q=1}^{N_i} \eta_l\eta_r\eta_p\eta_q \boldsymbol{x}^{\mathrm{T}}(k)[(\boldsymbol{A}_l + \boldsymbol{B}_l\boldsymbol{K}_{ir})^{\mathrm{T}}\boldsymbol{P}(\boldsymbol{A}_p + \boldsymbol{B}_p\boldsymbol{K}_{iq}) - \boldsymbol{P}]\boldsymbol{x}(k)\end{aligned}$$

所以，系统(3.5)在切换律(3.11)下是渐近稳定的.

3.4　不确定模糊系统混杂控制律的设计

本节研究的是带不确定性的模糊系统控制器切换的问题，并分别利用单 Lyapunov 函数方法和多 Lyapunov 函数方法设计切换律 σ: $\mathbf{R}_+ \to M = \{1, 2, \cdots, m\}$. 考虑由如下微分方程所描述的连续不确定模糊 T-S 模型：

$$R^l: \text{If } \xi_1 \text{ is } M_1^l \cdots \text{ and } \xi_p \text{ is } M_p^l, \text{ then}$$

$$\dot{\boldsymbol{x}}(t) = (\boldsymbol{A}_l + \Delta\boldsymbol{A}_l)\boldsymbol{x}(t) + \boldsymbol{B}_l\boldsymbol{u}(t) \quad (l = 1, 2, \cdots, N_i) \tag{3.12}$$

其中，$\boldsymbol{x}(t) = [x_1(t) \quad x_2(t) \quad \cdots \quad x_n(t)]^{\mathrm{T}} \in \mathbf{R}^n$ 表示系统的状态；$\boldsymbol{u}(t)$是控制输入；矩阵 $\boldsymbol{A}_l$ 和 $\boldsymbol{B}_l$ 是具有适当维数的已知常值矩阵；R^l 表示第 l 条模糊规则；$N_i(i = 1, 2, \cdots)$是模糊规则数；$\Delta\boldsymbol{A}_l$ 是不确定实值矩阵函数，表示系统模型中的时变参数不确定性；$\boldsymbol{\xi} = [\xi_1 \quad \xi_2 \quad \cdots \quad \xi_p]$为前件变量.

关于系统(3.12)，作如下假设.

假设 3.1　参数摄动矩阵 $\Delta\boldsymbol{A}(t)$具有以下形式：

$$\Delta\boldsymbol{A}_l = \boldsymbol{D}_l\boldsymbol{F}_l(t)\boldsymbol{E}_l \quad (l = 1, 2, \cdots, N_i;\ i = 1, 2, \cdots, m) \tag{3.13}$$

其中，$\boldsymbol{D}_l$, $\boldsymbol{E}_l$ 是已知定常矩阵；$\boldsymbol{F}_l(t)$是具有 Lebegue 可测元的未知矩阵函数，并假设 $\boldsymbol{F}_l(t)$属于如下定义的集合 Ω：

$$\Omega = \{\boldsymbol{F}_l(t) \mid \boldsymbol{F}_l^{\mathrm{T}}(t)\boldsymbol{F}_l(t) \leqslant \boldsymbol{I},\ \forall t\} \quad (l = 1, 2, \cdots, N_i;\ i = 1, 2, \cdots, m)$$

这里，同样假设存在 m 个指定的 PDC 模糊控制器，系统(3.12)的控制器可以在 m 个 PDC 模糊控制器中切换，则系统(3.12)可以被描述为

$$R^l\text{: If } \xi_1 \text{ is } M_1^l \cdots \text{and } \xi_p \text{ is } M_p^l\text{, then}$$

$$\dot{\boldsymbol{x}}(t)=(\boldsymbol{A}_l+\Delta\boldsymbol{A}_l)\boldsymbol{x}(t)+\boldsymbol{B}_l\boldsymbol{u}_{\sigma(t)}(t)\quad(l=1,\ 2,\ \cdots,\ N_i)\tag{3.14}$$

其中，分段常值函数 σ：$\mathbf{R}_+\to M=\{1,\ 2,\ \cdots,\ m\}$是一个待设计的切换信号.

对于第 i 个子模糊控制器，不确定模糊系统可写成

$$R^l\text{: If } \xi_1 \text{ is } M_1^l \cdots \text{ and } \xi_p \text{ is } M_p^l\text{, then}$$

$$\dot{\boldsymbol{x}}(t)=(\boldsymbol{A}_l+\Delta\boldsymbol{A}_l)\boldsymbol{x}(t)+\boldsymbol{B}_l u_i(t)\quad(l=1,\ 2,\ \cdots,\ N_i;\ i=1,\ 2,\ \cdots,\ m)$$

可以得到不确定模糊系统的全局模型：

$$\dot{\boldsymbol{x}}(t)=\sum_{l=1}^{N_i}\eta_l(\xi)[(\boldsymbol{A}_l+\Delta\boldsymbol{A}_l)\boldsymbol{x}(t)+\boldsymbol{B}_l u_i(t)]\quad(l=1,2,\cdots,N_i;i=1,2,\cdots,m)$$

其中，$0\leqslant\eta_l(\boldsymbol{\xi})\leqslant 1$，$\sum_{l=1}^{N_i}\eta_l(\boldsymbol{\xi})=1$，$\eta_l(\boldsymbol{\xi})=\dfrac{\prod_{\rho=1}^{p}\mu_\rho^l(\xi_\rho)}{\sum_{l=1}^{N_i}\prod_{\rho=1}^{p}\mu_\rho^l(\xi_\rho)}$.

第 i 个子模糊控制器的全局模型为

$$u_i(t)=\sum_{l=1}^{N_i}\eta_l\boldsymbol{K}_{il}\boldsymbol{x}(t)\quad(l=1,2,\cdots,N_i;i=1,2,\cdots,m)$$

那么，可以得到闭环连续模糊系统的全局模型：

$$\dot{\boldsymbol{x}}(t)=\sum_{l=1}^{N_i}\eta_l\sum_{r=1}^{N_i}\eta_r[(\boldsymbol{A}_l+\Delta\boldsymbol{A}_l)+\boldsymbol{B}_l\boldsymbol{K}_{ir}]\boldsymbol{x}(t)$$
$$(l-1,2,\cdots,N_i;i=1,2,\cdots,m)$$

3.4.1 单 Lyapunov 函数方法

下面给出切换律 σ：$\mathbf{R}_+\to M=\{1,\ 2,\ \cdots,\ m\}$的设计方案，使得在此切换律下，不确定模糊系统(3.14)稳定.

定理 3.3 假设存在正定矩阵 $\boldsymbol{P}$ 和常数 $\lambda_{i\vartheta_i}>0$，$\varepsilon_{j_i}>0$ $(j_i,\ \vartheta_i=1,\ 2,\ \cdots,\ N_i;\ i=1,\ 2,\ \cdots,\ m)$，使得

$$\sum_{i=1}^{m}\lambda_{i\vartheta_i}[(\boldsymbol{A}_{j_i}+\boldsymbol{B}_{j_i}\boldsymbol{K}_{i\vartheta_i})^{\mathrm{T}}\boldsymbol{P}+\boldsymbol{P}(\boldsymbol{A}_{j_i}+\boldsymbol{B}_{j_i}\boldsymbol{K}_{i\vartheta_i})+\varepsilon_{j_i}\boldsymbol{P}\boldsymbol{D}_{j_i}\boldsymbol{D}_{j_i}^{\mathrm{T}}\boldsymbol{P}+\varepsilon_{j_i}^{-1}\boldsymbol{E}_{j_i}^{\mathrm{T}}\boldsymbol{E}_{j_i}]<0$$
$$(j_i,\vartheta_i=1,2,\cdots,N_i)\tag{3.15}$$

成立，那么系统(3.14)在切换律

$$\sigma=\sigma(\boldsymbol{x}(t))$$
$$=\arg\min\{\bar{V}_i(\boldsymbol{x}(t))\triangleq\max_{j_i,\vartheta_i}\{\boldsymbol{x}^{\mathrm{T}}(t)[(\boldsymbol{A}_{j_i}+\boldsymbol{B}_{j_i}\boldsymbol{K}_{i\vartheta_i})^{\mathrm{T}}\boldsymbol{P}+\boldsymbol{P}(\boldsymbol{A}_{j_i}+\boldsymbol{B}_{j_i}\boldsymbol{K}_{i\vartheta_i})+$$
$$\varepsilon_{j_i}\boldsymbol{P}\boldsymbol{D}_{j_i}\boldsymbol{D}_{j_i}^{\mathrm{T}}\boldsymbol{P}+\varepsilon_{j_i}^{-1}\boldsymbol{E}_{j_i}^{\mathrm{T}}\boldsymbol{E}_{j_i}]\boldsymbol{x}(t)\}<0\}\quad(j_i,\ \vartheta_i=1,\ 2,\ \cdots,\ N_i)\tag{3.16}$$

下是渐近稳定的.

证明 由式(3.15)可知，对于任意的$\boldsymbol{x}(t)\neq\boldsymbol{0}$，有

$$\sum_{i=1}^{m}\lambda_{i\vartheta_i}\boldsymbol{x}^{\mathrm{T}}(t)[(\boldsymbol{A}_{j_i}+\boldsymbol{B}_{j_i}\boldsymbol{K}_{i\vartheta_i})^{\mathrm{T}}\boldsymbol{P}+\boldsymbol{P}(\boldsymbol{A}_{j_i}+\boldsymbol{B}_{j_i}\boldsymbol{K}_{i\vartheta_i})+\varepsilon_{j_i}\boldsymbol{P}\boldsymbol{D}_{j_i}\boldsymbol{D}_{j_i}^{\mathrm{T}}\boldsymbol{P}+$$
$$\varepsilon_{j_i}^{-1}\boldsymbol{E}_{j_i}^{\mathrm{T}}\boldsymbol{E}_{j_i}]\boldsymbol{x}(t)<0\quad(j_i,\vartheta_i=1,2,\cdots,N_i)$$

注意到对于任意的j_i，$\vartheta_i\in\{1,\ 2,\ \cdots,\ N_i\}$和$\lambda_{i\vartheta_i}>0$，由引理2.1可得，对于$\forall j_i$，$\vartheta_i$，至少存在一个$i$，使得

$$\boldsymbol{x}^{\mathrm{T}}(t)[(\boldsymbol{A}_{j_i}+\boldsymbol{B}_{j_i}\boldsymbol{K}_{i\vartheta_i})^{\mathrm{T}}\boldsymbol{P}+\boldsymbol{P}(\boldsymbol{A}_{j_i}+\boldsymbol{B}_{j_i}\boldsymbol{K}_{i\vartheta_i})+\varepsilon_{j_i}\boldsymbol{P}\boldsymbol{D}_{j_i}\boldsymbol{D}_{j_i}^{\mathrm{T}}\boldsymbol{P}+\varepsilon_{j_i}^{-1}\boldsymbol{E}_{j_i}^{\mathrm{T}}\boldsymbol{E}_{j_i}]\boldsymbol{x}(t)<0\tag{3.17}$$

可见切换规则(3.16)完全确定.

取 Lyapunov 函数为

$$V(\boldsymbol{x}(t))=\boldsymbol{x}^{\mathrm{T}}(t)\boldsymbol{P}\boldsymbol{x}(t)$$

现在对 Lyapunov 函数$V(\boldsymbol{x}(t))$求导，并由假设3.1中的式(3.13)可以得到下面的等式：

$$\dot{V}(\boldsymbol{x}(t))=x^{\mathrm{T}}(t)\{[\sum_{l=1}^{N_i}\sum_{r=1}^{N_i}\eta_l\eta_r(\boldsymbol{A}_l+\Delta\boldsymbol{A}_l+\boldsymbol{B}_l\boldsymbol{K}_{ir})^{\mathrm{T}}]\boldsymbol{P}+$$
$$\boldsymbol{P}[\sum_{l=1}^{N_i}\sum_{r=1}^{N_i}\eta_l\eta_r(\boldsymbol{A}_l+\Delta\boldsymbol{A}_l+\boldsymbol{B}_l\boldsymbol{K}_{ir})]\}\boldsymbol{x}(t)$$
$$=\sum_{l=1}^{N_i}\sum_{r=1}^{N_i}\eta_l\eta_r\boldsymbol{x}^{\mathrm{T}}(t)\{[(\boldsymbol{A}_l+\boldsymbol{B}_l\boldsymbol{K}_{ir})+\Delta\boldsymbol{A}_l]^{\mathrm{T}}\boldsymbol{P}+$$
$$\boldsymbol{P}[(\boldsymbol{A}_l+\boldsymbol{B}_l\boldsymbol{K}_{ir})+\Delta\boldsymbol{A}_l]\}\boldsymbol{x}(t)$$

考虑到式(3.2)和式(3.17)，可推出$\dfrac{\mathrm{d}}{\mathrm{d}t}V(\boldsymbol{x}(t))<0$，$\boldsymbol{x}(t)\neq\boldsymbol{0}$. 所以，系统(3.14)在切换律(3.16)下是渐近稳定的.

注 3.1 定理3.3给出了系统(3.14)经混杂状态反馈鲁棒镇定的充分条件. 由于不确定因素的影响，有时单一的控制器往往不能使一个系统镇定，但是在给定的控制器之间使用切换技术却可实现这一目的. 从这一角度来讲，控

制器切换扩大了控制器增益矩阵的选取范围，充分利用了现有的资源，改进了系统的性能，同时为系统实现其他要求提供了更多的可能.

3.4.2　多 Lyapunov 函数方法

当定理 3.3 的条件不满足时，考虑利用多 Lyapunov 函数方法设计切换律. 为简单起见，且不失一般性，假设 $m=2$，即切换规则 $\sigma(t)$：$\{0, 1, \cdots\}\rightarrow\{1, 2\}$，给出系统(3.14)渐近稳定的充分条件.

定理 3.4　如果存在对称正定矩阵 $\boldsymbol{P}_1$ 和 $\boldsymbol{P}_2$ 以及两个全部非负或全部非正常数 β_1 和 β_2、正常数 $\varepsilon_{j_i}>0$，使得不等式

$$-[(\boldsymbol{A}_{j_1}+\boldsymbol{B}_{j_1}\boldsymbol{K}_{1\vartheta_1})^{\mathrm{T}}\boldsymbol{P}_1+\boldsymbol{P}_1(\boldsymbol{A}_{j_1}+\boldsymbol{B}_{j_1}\boldsymbol{K}_{1\vartheta_1})+\varepsilon_{j_1}\boldsymbol{P}_1\boldsymbol{D}_{j_1}\boldsymbol{D}_{j_1}^{\mathrm{T}}\boldsymbol{P}_1+\varepsilon_{j_1}^{-1}\boldsymbol{E}_{j_1}^{\mathrm{T}}\boldsymbol{E}_{j_1}]+\beta_1(\boldsymbol{P}_2-\boldsymbol{P}_1)>0\quad(j_1,\ \vartheta_1=1,\ 2,\ \cdots,\ N_i)\tag{3.18}$$

和

$$-[(\boldsymbol{A}_{j_2}+\boldsymbol{B}_{j_2}\boldsymbol{K}_{2\vartheta_2})^{\mathrm{T}}\boldsymbol{P}_2+\boldsymbol{P}_2(\boldsymbol{A}_{j_2}+\boldsymbol{B}_{j_2}\boldsymbol{K}_{2\vartheta_2})+\varepsilon_{j_2}\boldsymbol{P}_2\boldsymbol{D}_{j_2}\boldsymbol{D}_{j_2}^{\mathrm{T}}\boldsymbol{P}_2+\varepsilon_{j_2}^{-1}\boldsymbol{E}_{j_2}^{\mathrm{T}}\boldsymbol{E}_{j_2}]+\beta_2(\boldsymbol{P}_1-\boldsymbol{P}_2)>0\quad(j_2,\ \vartheta_2=1,\ 2,\ \cdots,\ N_i)\tag{3.19}$$

成立，则一定存在一个切换律 $\sigma(t)$：$[0, +\infty)\rightarrow\{1, 2\}$，使得系统(3.14)是渐近稳定的.

证明　不失一般性，假设 β_1，$\beta_2\geqslant0$.

对于第 i 个子系统，取 Lyapunov 函数

$$V_i(\boldsymbol{x}(t))=\boldsymbol{x}^{\mathrm{T}}(t)\boldsymbol{P}_i\boldsymbol{x}(t)$$

由于式(3.18)和式(3.19)同时成立，有

如果 $\boldsymbol{x}^{\mathrm{T}}(t)(\boldsymbol{P}_1-\boldsymbol{P}_2)\boldsymbol{x}(t)\geqslant0$，且 $\boldsymbol{x}(t)\neq\boldsymbol{0}$，那么

$$(\boldsymbol{A}_{j_1}+\boldsymbol{B}_{j_1}\boldsymbol{K}_{1\vartheta_1})^{\mathrm{T}}\boldsymbol{P}_1+\boldsymbol{P}_1(\boldsymbol{A}_{j_1}+\boldsymbol{B}_{j_1}\boldsymbol{K}_{1\vartheta_1})+\varepsilon_{j_1}\boldsymbol{P}_1\boldsymbol{D}_{j_1}\boldsymbol{D}_{j_1}^{\mathrm{T}}\boldsymbol{P}_1+\varepsilon_{j_1}^{-1}\boldsymbol{E}_{j_1}^{\mathrm{T}}\boldsymbol{E}_{j_1}<0\quad(j_1,\ \vartheta_1=1,\ 2,\ \cdots,\ N_i)\tag{3.20}$$

如果 $\boldsymbol{x}^{\mathrm{T}}(t)(\boldsymbol{P}_2-\boldsymbol{P}_1)\boldsymbol{x}(t)\geqslant0$，且 $\boldsymbol{x}(t)\neq\boldsymbol{0}$，那么

$$(\boldsymbol{A}_{j_2}+\boldsymbol{B}_{j_2}\boldsymbol{K}_{2\vartheta_2})^{\mathrm{T}}\boldsymbol{P}_2+\boldsymbol{P}_2(\boldsymbol{A}_{j_2}+\boldsymbol{B}_{j_2}\boldsymbol{K}_{2\vartheta_2})+\varepsilon_{j_2}\boldsymbol{P}_2\boldsymbol{D}_{j_2}\boldsymbol{D}_{j_2}^{\mathrm{T}}\boldsymbol{P}_2+\varepsilon_{j_2}^{-1}\boldsymbol{E}_{j_2}^{\mathrm{T}}\boldsymbol{E}_{j_2}<0\quad(j_2,\ \vartheta_2=1,\ 2,\ \cdots,\ N_i)$$

定义

$$\Omega_1=\{\boldsymbol{x}(t)\in\mathbf{R}^n\,|\,\boldsymbol{x}^{\mathrm{T}}(t)(\boldsymbol{P}_1-\boldsymbol{P}_2)\boldsymbol{x}(t)\geqslant0,\ \boldsymbol{x}(t)\neq\boldsymbol{0}\}\tag{3.21}$$

$$\Omega_2=\{\boldsymbol{x}(t)\in\mathbf{R}^n\,|\,\boldsymbol{x}^{\mathrm{T}}(t)(\boldsymbol{P}_2-\boldsymbol{P}_1)\boldsymbol{x}(t)\geqslant0,\ \boldsymbol{x}(t)\neq\boldsymbol{0}\}\tag{3.22}$$

和

$$V_1(\boldsymbol{x}(t))=\boldsymbol{x}^{\mathrm{T}}(t)\boldsymbol{P}_1\boldsymbol{x}(t),\ V_2(\boldsymbol{x}(t))=\boldsymbol{x}^{\mathrm{T}}(t)\boldsymbol{P}_2\boldsymbol{x}(t)$$

显然，$\Omega_1\cup\Omega_2=\mathbf{R}^n\setminus\{0\}$.

考虑式(3.21)和式(3.22)，设计切换律如下：

$$\sigma(t)=\begin{cases}1, & \boldsymbol{x}(t)\in\Omega_1\\ 2, & \boldsymbol{x}(t)\in\Omega_2\setminus\Omega_1\end{cases}\tag{3.23}$$

当$\boldsymbol{x}(t)\in\Omega_1$时，由假设3.1中的式(3.13)可以得到下面的不等式：

$$\begin{aligned}\dot V_1(\boldsymbol{x}(t)) &= \dot{\boldsymbol{x}}^{\mathrm{T}}(t)\boldsymbol{P}_1\boldsymbol{x}(t)+\boldsymbol{x}^{\mathrm{T}}(t)\boldsymbol{P}_1\dot{\boldsymbol{x}}(t)\\ &= \boldsymbol{x}^{\mathrm{T}}(t)\{[\sum_{l=1}^{N_i}\sum_{r=1}^{N_i}\eta_l\eta_r(\boldsymbol{A}_l+\Delta\boldsymbol{A}_l+\boldsymbol{B}_l\boldsymbol{K}_{1r})^{\mathrm{T}}]\boldsymbol{P}_1+\\ &\qquad \boldsymbol{P}_1[\sum_{l=1}^{N_i}\sum_{r=1}^{N_i}\eta_l\eta_r(\boldsymbol{A}_l+\Delta\boldsymbol{A}_l+\boldsymbol{B}_l\boldsymbol{K}_{1r})]\}\boldsymbol{x}(t)\\ &\leqslant \sum_{l=1}^{N_i}\sum_{r=1}^{N_i}\eta_l\eta_r\boldsymbol{x}^{\mathrm{T}}(t)\{(\boldsymbol{A}_l+\boldsymbol{B}_l\boldsymbol{K}_{1r})^{\mathrm{T}}\boldsymbol{P}_1+\boldsymbol{P}_1(\boldsymbol{A}_l+\boldsymbol{B}_l\boldsymbol{K}_{1r})+\\ &\qquad (\varepsilon_l\boldsymbol{P}_1\boldsymbol{D}_l\boldsymbol{D}_l^{\mathrm{T}}\boldsymbol{P}_1+\varepsilon_l^{-1}\boldsymbol{E}_l^{\mathrm{T}}\boldsymbol{E}_l)\}\boldsymbol{x}(t)\end{aligned}$$

由于$\boldsymbol{x}^{\mathrm{T}}(t)(\boldsymbol{P}_1-\boldsymbol{P}_2)\boldsymbol{x}(t)\geqslant 0$且$\boldsymbol{x}(t)\neq\boldsymbol{0}$，考虑到式(3.2)和式(3.20)，因此，在切换律(3.23)下，$\frac{\mathrm{d}}{\mathrm{d}t}V_1(\boldsymbol{x}(t))<0$且$\boldsymbol{x}(t)\neq\boldsymbol{0}$.

同理，当$\boldsymbol{x}(t)\in\Omega_2\setminus\Omega_1$，得到$\frac{\mathrm{d}}{\mathrm{d}t}V_2(\boldsymbol{x}(t))<0$.

因此，系统(3.14)在切换律(3.23)下是渐近稳定的.

注 3.2 在定理3.1～定理3.4中，式(3.6)和式(3.15)中的正定对称矩阵$\boldsymbol{P}$、状态反馈$\boldsymbol{K}_{i\vartheta_i}$，矩阵(3.10)中的正定对称矩阵$\boldsymbol{P}$、状态反馈$\boldsymbol{K}_{i\vartheta_i}$和$\boldsymbol{K}_{i\varepsilon_i}$，以及式(3.18)和式(3.19)中的正定对称矩阵$\boldsymbol{P}_1$，$\boldsymbol{P}_2$和$\boldsymbol{K}_{1\vartheta_1}$，$\boldsymbol{K}_{2\vartheta_2}$，都是待定的矩阵. 其求解方法与定理2.3类似，首先转化为可解的LMI，再求出相应的待定矩阵.

注 3.3 定理3.4仅研究了模糊系统两个控制器之间切换的情形. 但从定理的证明过程中不难看到，定理的结论完全可以推广到在有限多个模糊系统控制器之间切换的情形.

3.5 仿真例子

例 3.1 为说明本章结果的应用，考虑文献[104]中的模糊模型. 对一个

基于模糊状态方程设计的房间空气调节系统进行稳定性分析. 系统的状态方程为

$$\ddot{T}_n = -\left(\frac{1}{T_1}+\frac{1}{T_2}\right)\dot{T}_n - \frac{1}{T_1T_2}T_n + \frac{k_1k_2}{T_1T_2}u$$

式中，T_n——空调房间的空气温度，℃；

$\dot{T}_n$——空调房间的空气温度变化，℃/min；

T_1——空调房间的时间常数，min；

T_2——蒸汽加热器的时间常数，min；

k_1——恒温室的放大系数，℃/℃；

k_2——电动执行器的放大系数，℃/℃；

u——控制量.

当温度较低时，$T_1=20.30(\text{min})$，$T_2=1(\text{min})$.

当温度较高时，$T_1=30.40(\text{min})$，$T_2=2.5(\text{min})$.

为分析系统在 20℃时的稳定性，作坐标变换：令 $x_1=T_n-20$，$\dot{x}_1=x_2$，将其转化为原点的稳定性分析问题.

其模糊模型描述如下：

$$R^1\text{: If } \boldsymbol{x} \text{ is } \boldsymbol{P}\text{, then } \dot{\boldsymbol{x}}(t)=\boldsymbol{A}_1\boldsymbol{x}+\boldsymbol{B}_1u_i$$

$$R^2\text{: If } \boldsymbol{x} \text{ is } \boldsymbol{N}\text{, then } \dot{\boldsymbol{x}}(t)=\boldsymbol{A}_2\boldsymbol{x}+\boldsymbol{B}_2u_i$$

其中

$$\boldsymbol{A}_1=\begin{bmatrix}0 & 1\\ -0.049 & -1.0493\end{bmatrix},\quad \boldsymbol{B}_1=\begin{bmatrix}0\\ 0.4926\end{bmatrix}$$

$$\boldsymbol{A}_2=\begin{bmatrix}0 & 1\\ -0.0132 & -0.4529\end{bmatrix},\quad \boldsymbol{B}_2=\begin{bmatrix}0\\ 0.1316\end{bmatrix}$$

隶属度函数取为

$$\mu_{\boldsymbol{P}}(\boldsymbol{x})=1-\frac{1}{1+\mathrm{e}^{-2x}}$$

$$\mu_N(\boldsymbol{x})=\frac{1}{1+\mathrm{e}^{-2x}}$$

对于定理 3.1 中的式(3.6)，取两个 PDC 控制器进行切换，即 $u_i(t)=\sum_{l=1}^{N_i}\eta_l\boldsymbol{K}_{il}\boldsymbol{x}(t)\,(i=1,2)$，有

$$\sum_{i=1}^{2} \lambda_{i\vartheta_i}[(A_{j_i}+B_{j_i}K_{i\vartheta_i})^{\mathrm{T}}P+P(A_{j_i}+B_{j_i}K_{i\vartheta_i})]<0 \quad (j_i,\vartheta_i=1,2;i=1,2)$$

取 $\lambda_{i\vartheta_i}=1$，可求出上式中的矩阵：

$$K_{11}=[-0.1310 \quad -0.1148], \qquad K_{12}=[-0.6900 \quad -0.1155]$$

$$K_{21}=[-0.2312 \quad -0.1516], \qquad K_{22}=[-0.4697 \quad -0.2213]$$

$$P=\begin{bmatrix} 0.7983 & 1.0563 \\ 1.0563 & 2.8931 \end{bmatrix}$$

那么，系统在切换律

$$\sigma(x)=\arg\min_i\{x^{\mathrm{T}}[(A_{j_i}+B_{j_i}K_{i\vartheta_i})^{\mathrm{T}}P+P(A_{j_i}+B_{j_i}K_{i\vartheta_i})]x<0,\ j_i,\ \vartheta_i=1,\ 2\}$$

下是渐近稳定的.

利用 Matlab 仿真，对于初始点 $[-3 \quad 0]^{\mathrm{T}}$，仿真结果如图 3.1 所示.

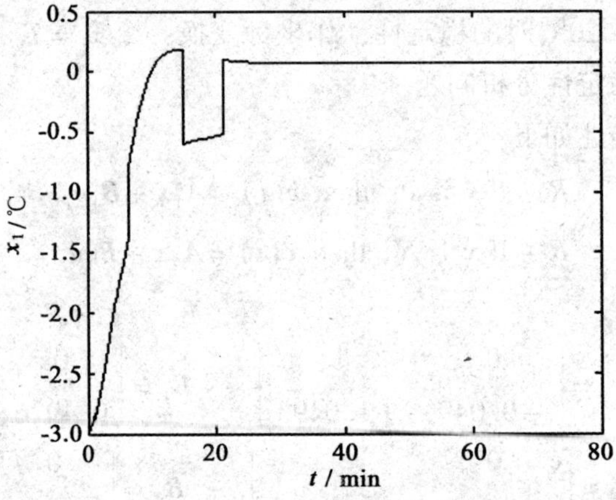

图 3.1　根据定理 3.1 得到的温度变化仿真图

若采用传统的 PDC 模糊控制器设计方法，其控制器表示为 $u(t)=\sum_{l=1}^{N_i}\eta_l K_l x(t)$，选择相同的模糊系统，同时取相同的初始点 $[-3 \quad 0]^{\mathrm{T}}$，仿真结果如图 3.2 所示.

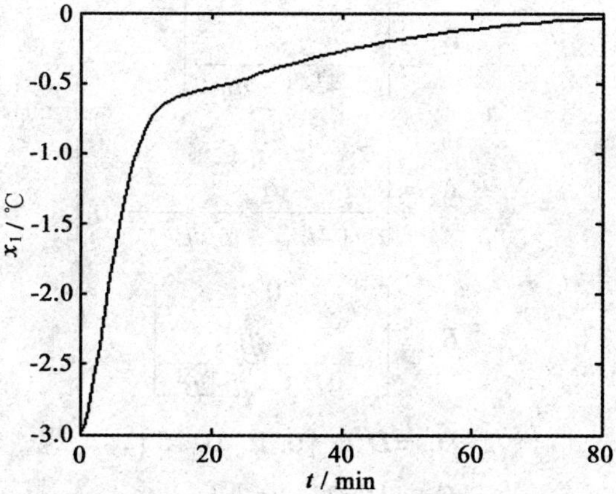

图 3.2　按传统 PDC 模糊控制器得到的温度变化仿真图

由图 3.1 和图 3.2 比较可以看出，图 3.1 的收敛时间及效果要明显好于图 3.2.

例 3.2　考虑下面的倒立摆平衡问题. 摆动方程[105]如下：

$$
\begin{aligned}
\dot{x}_1 &= x_2 \\
\dot{x}_2 &= \frac{g\sin(x_1) - amlx_2^2\sin(2x_1)/2 - a\cos(x_1)u}{4l/3 - aml\cos^2(x_1)}
\end{aligned}
\tag{3.24}
$$

其中，x_1 表示摆与垂直方向的夹角；x_2 表示角速度；$g = 9.8\mathrm{m/s^2}$，表示重力加速度；m 是摆的质量；M 是滑车的质量，且有 $a = 1/(m+M)$；$2l$ 是摆的长度；u 是施加在滑车上的力.

对于物理参数，选择 $m = 2.0\mathrm{kg}$，$M = 8.0\mathrm{kg}$，$2l = 1.0\mathrm{m}$.

为了说明定理 3.3 的切换 PDC 控制器方法，首先用一个不确定模糊模型描述系统（3.24）. 因此，可以近似得到下面的模糊模型：

R^1：If $x_1(t)$ is about 0，then $\dot{\boldsymbol{x}}(t) = (\boldsymbol{A}_1 + \Delta\boldsymbol{A}_1)\boldsymbol{x}(t) + \boldsymbol{B}_1 u_i(t)$

R^2：If $x_1(t)$ is about $\pm\frac{\pi}{2}$，then $\dot{\boldsymbol{x}}(t) = (\boldsymbol{A}_2 + \Delta\boldsymbol{A}_2)\boldsymbol{x}(t) + \boldsymbol{B}_2 u_i(t)$

这里，

$$
\boldsymbol{A}_1 = \begin{bmatrix} 0 & 1 \\ \dfrac{g}{4l/3 - aml} & 0 \end{bmatrix}
$$

$$\boldsymbol{B}_1 = \begin{bmatrix} 0 \\ -\dfrac{a}{4l/3 - aml} \end{bmatrix}$$

$$\boldsymbol{A}_2 = \begin{bmatrix} 0 & 1 \\ \dfrac{2g}{\pi(4l/3 - aml\beta^2)} & 0 \end{bmatrix}$$

$$\boldsymbol{B}_2 = \begin{bmatrix} 0 \\ -\dfrac{a\beta}{4l/3 - aml\beta^2} \end{bmatrix}$$

$$\boldsymbol{D}_1 = \boldsymbol{D}_2 = [0.1 \quad 0.15]^{\mathrm{T}}$$

$$\boldsymbol{E}_1 = [0.24 \quad 0.4]$$

$$\boldsymbol{E}_2 = [0.14 \quad 0.05]$$

$$F_1(t) = F_2(t) = \sin t$$

另外，选择 $\beta = \cos 88°$.

规则 1 和规则 2 的隶属度函数分别为

$$\mu_1(x_1(t)) = \left(1 - \frac{1}{1 + \exp\{-7[x_1(t) - \pi/4]\}}\right)\frac{1}{1 + \exp\{-7[x_1(t) + \pi/4]\}}$$

$$\mu_2(x_1(t)) = 1 - \mu_1(x_1(t))$$

取模糊 PDC 控制器

$$u_i(t) = \sum_{l=1}^{N_i} \eta_l \boldsymbol{K}_{il}\boldsymbol{x}(t) \quad (l = 1,2,\cdots,N_i; i = 1,2)$$

由定理 3.3 的不等式(3.15)，有

$$\sum_{i=1}^{2} \lambda_{i\vartheta_i}[(\boldsymbol{A}_{j_i} + \boldsymbol{B}_{j_i}\boldsymbol{K}_{i\vartheta_i})^{\mathrm{T}}\boldsymbol{P} + \boldsymbol{P}(\boldsymbol{A}_{j_i} + \boldsymbol{B}_{j_i}\boldsymbol{K}_{i\vartheta_i}) + \varepsilon_{j_i}\boldsymbol{P}\boldsymbol{D}_{j_i}\boldsymbol{D}_{j_i}^{\mathrm{T}}\boldsymbol{P} + \varepsilon_{j_i}^{-1}\boldsymbol{E}_{j_i}^{\mathrm{T}}\boldsymbol{E}_{j_i}] < 0$$

$$(i = 1, 2; \vartheta_i, j_i = 1, 2)$$

选择 $\lambda_{i\vartheta_i} = 1$，$\varepsilon_{j_i} = 1$，得到状态反馈增益为

$$\boldsymbol{K}_{11} = [7651.3 \quad 62.3]$$

$$\boldsymbol{K}_{12} = [3698 \quad 386]$$

$$\boldsymbol{K}_{21} = [114.9753 \quad 93.2456]$$

$$\boldsymbol{K}_{22} = [3211.3 \quad 75.3]$$

和正定对称矩阵

$$P = \begin{bmatrix} 0.0232 & 0.0016 \\ 0.0016 & 0.0002 \end{bmatrix}$$

那么，系统(3.14)在下面切换律下是渐近稳定的：

$$\sigma = \sigma(\boldsymbol{x}(t)) = \arg\min\{\bar{V}_i(\boldsymbol{x}(t))$$
$$\triangleq \max_{j_i,\vartheta_i}\{\boldsymbol{x}^{\mathrm{T}}(t)[(\boldsymbol{A}_{j_i}+\boldsymbol{B}_{j_i}\boldsymbol{K}_{i\vartheta_i})^{\mathrm{T}}\boldsymbol{P}+\boldsymbol{P}(\boldsymbol{A}_{j_i}+\boldsymbol{B}_{j_i}\boldsymbol{K}_{i\vartheta_i})+$$
$$\varepsilon_{j_i}\boldsymbol{P}\boldsymbol{D}_{j_i}\boldsymbol{D}_{j_i}^{\mathrm{T}}\boldsymbol{P}+\varepsilon_{j_i}^{-1}\boldsymbol{E}_{j_i}^{\mathrm{T}}\boldsymbol{E}_{j_i}]\boldsymbol{x}(t)\}<0,\ j_i,\ \vartheta_i=1,\ 2\}$$

利用 Matlab 仿真，对于初始点 $x_1(t)=60°$，$x_2(t)=-3$，仿真结果如图 3.3 所示.

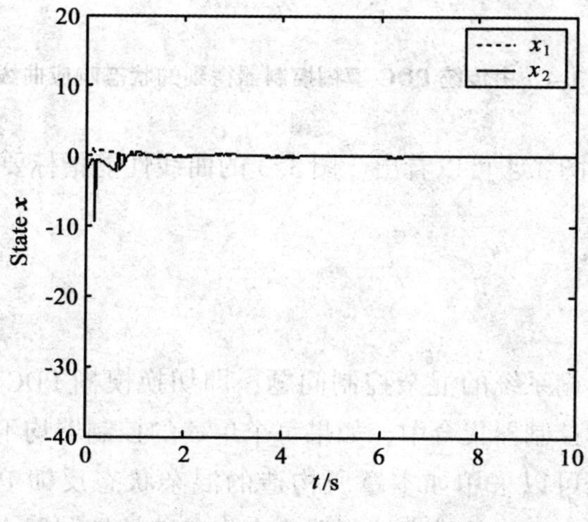

图 3.3　根据定理 3.3 构造切换 PDC 控制器得到的状态响应曲线

为了说明所构造的切换 PDC 模糊控制器的优点，现在与传统的 PDC 模糊控制器 $\boldsymbol{u}(t)=\sum_{l=1}^{N_i}\eta_l\boldsymbol{K}_l\boldsymbol{x}(t)$ 作比较，可得传统的 PDC 控制器的状态反馈增益为

$$\boldsymbol{K}_1=[4849.1\quad 264.3],\qquad \boldsymbol{K}_2=[2374\quad 73.6]$$

对于相同的不确定模糊系统，取相同的初始点 $x_1(t)=60°$，$x_2(t)=-3$，仿真结果如图 3.4 所示.

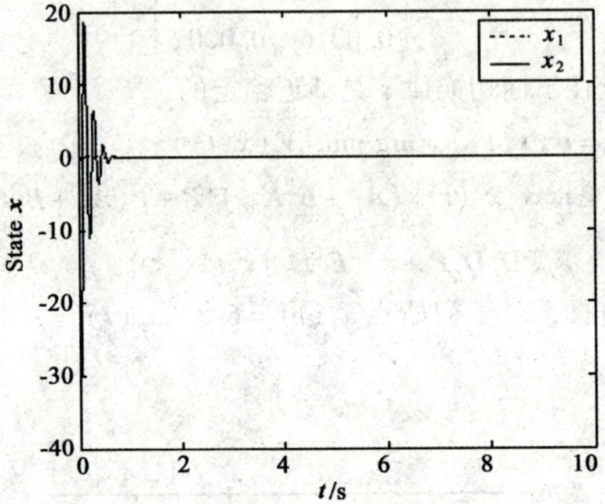

图 3.4　由传统 PDC 模糊控制器得到的状态响应曲线

比较图 3.3 和图 3.4 可以看出，图 3.3 的曲线性能指标要明显好于图 3.4.

3.6　结　论

本章研究了模糊系统的混杂控制问题，即切换模糊 PDC 控制器的设计问题. 在一个给定的控制器集合中，如果每个单一的控制器均不能使系统具有所希望的性能，那么可以采用如本章所构造的混杂状态反馈 PDC 模糊控制器. 其核心思想是通过在允许的模糊控制器集合中备选的控制器之间选择切换以实现控制目的. 所设计的切换策略为模糊系统实现稳定提供了更多的可能. 同时，能运用 Matlab 工具箱方便地求解 LMI.

第 4 章　一类切换模糊系统的松弛稳定性

4.1　引　言

稳定性是模糊控制系统的重要指标之一，但由于模糊控制系统结构的复杂性、控制环境的不确定性，以及对系统功能结构和动态行为描述的特殊方式，其稳定性分析还存在许多困难. Tanaka 等人提出的稳定性判据最后都将归结为寻找一个公共正定矩阵 $\boldsymbol{P}$，满足 m(模糊规则数)个不等式. 然而，当规则数目很大时，寻找这样的公共正定矩阵 $\boldsymbol{P}$ 常常是非常困难的. 一旦找不到公共的正定矩阵 $\boldsymbol{P}$，此方法可能就失效了. 但找不到公共的正定矩阵 $\boldsymbol{P}$ 并不意味着系统无法镇定，还有可能用其他方法来镇定系统.

文献[58，77]采用不同的方法，回避寻找公共的矩阵. 针对具体的模糊系统，首先需要将状态空间划分成若干个相互独立的子空间，并且在每个独立的子空间上建立子系统，然后分别在每个子系统上考虑模糊稳定控制问题. 在文献[73，102]中，通过考虑模糊子系统间的相互作用，放宽了 T-S 模糊系统稳定的条件，改进了 Tanaka 等人的结果. 文献[106]针对离散的 T-S 模糊系统，将整个状态空间划分为若干个子区域，在每个子区域中寻找其相应的正定矩阵 $\boldsymbol{P}$，给出了相对宽松的稳定性条件.

任何一个控制系统首先必须是稳定的，否则将无法正常运行，切换模糊系统也不例外. 对于切换模糊系统，寻找一个适合每个切换子系统中所有规则的正定矩阵 $\boldsymbol{P}$ 是判断切换模糊系统稳定性的关键. 每增加一个新规则，都将减少找到一个满足条件的公共正定矩阵 $\boldsymbol{P}$ 的可能性. 特别当切换子系统的个数很多时，找到这种公共正定矩阵的可能性是很小的. 目前，针对切换模糊系统研究松弛的稳定性条件的文献还未见报道.

本章使用 LMI 技术和多 Lyapunov 函数方法，研究了切换模糊系统稳定的条件. 在有控制输入时，分别就连续切换模糊系统和离散切换模糊系统两种情形，给出了切换模糊系统松弛稳定的两个条件，同时给出了实现系统全局渐近稳定的切换策略. 该方法避免了 PDC 法中因模糊规则数较多从而求解公共正定矩阵 $\boldsymbol{P}$ 的困难，主要条件以 LMI 的形式给出，具有较强的可解性.

4.2 连续切换模糊系统的松弛稳定性

4.2.1 系统的描述

下面考虑由以下 N_σ 条规则构成的连续切换模糊系统：

$$R_\sigma^l\text{: If } \xi_1 \text{ is } M_{\sigma1}^l \cdots \text{ and } \xi_p \text{ is } M_{\sigma p}^l\text{, then}$$

$$\dot{\boldsymbol{x}}(t)=\boldsymbol{A}_{\sigma l}\boldsymbol{x}(t)+\boldsymbol{B}_{\sigma l}\boldsymbol{u}_\sigma(t)\quad (l=1,\ 2,\ \cdots,\ N_\sigma) \tag{4.1}$$

其中，分段常值函数 $\boldsymbol{\sigma}=\boldsymbol{\sigma}(\boldsymbol{x}(t))$：$[0,\ +\infty)\to\{1,\ 2,\ \cdots,\ m\}$是一个切换信号；$R_\sigma^l$ 代表第 l 条模糊规则；N_σ 是模糊规则数；$\boldsymbol{u}(t)$是系统的输入量；$\boldsymbol{x}(t)$是状态变量，$\boldsymbol{x}(t)=[x_1(t)\quad x_2(t)\quad\cdots\quad x_n(t)]^{\mathrm{T}}\in\mathbf{R}^n$；$\boldsymbol{A}_{\sigma l}\in\mathbf{R}^{n\times n}$及 $\boldsymbol{B}_{\sigma l}\in\mathbf{R}^{n\times p}$为常数矩阵；$\boldsymbol{\xi}=[\xi_1\quad\xi_2\quad\cdots\quad\xi_p]$为前件变量，可以是系统的可测量变量或状态变量.

可以得到第 i 个切换子系统的全局模型：

$$\dot{\boldsymbol{x}}(t)=\sum_{l=1}^{N_i}\boldsymbol{\eta}_{il}(\boldsymbol{\xi}(t))(\boldsymbol{A}_{il}\boldsymbol{x}(t)+\boldsymbol{B}_{il}u_i(t))$$

其中

$$0\leqslant\boldsymbol{\eta}_{il}(\boldsymbol{\xi}(t))\leqslant1,\ \sum_{l=1}^{N_i}\boldsymbol{\eta}_{il}(\boldsymbol{\xi}(t))=1 \tag{4.2}$$

有

$$w_{il}(\boldsymbol{\xi}(t))=\prod_{\rho=1}^{p}M_{i\rho}^l(\xi_\rho(t)),\ \boldsymbol{\eta}_{il}(\boldsymbol{\xi}(t))=\frac{w_{il}(\boldsymbol{\xi}(t))}{\sum_{l=1}^{N_i}w_{il}(\boldsymbol{\xi}(t))}$$

式中，$M_{i\rho}^l(\xi_\rho(t))$——$\xi_\rho(t)$属于模糊集 $M_{i\rho}^l$的隶属度.

对于每个子系统，采用常用的 PDC 模糊控制器，即 $u_i(t) = \sum_{l=1}^{N_i} \boldsymbol{\eta}_{il}\boldsymbol{K}_{il}\boldsymbol{x}(t)$，可以得到

$$\dot{\boldsymbol{x}}(t) = \sum_{l=1}^{N_i} \boldsymbol{\eta}_{il} \sum_{r=1}^{N_i} \boldsymbol{\eta}_{ir}(\boldsymbol{A}_{il} + \boldsymbol{B}_{il}\boldsymbol{K}_{ir})\boldsymbol{x}(t) \quad (i = 1,2,\cdots,m) \tag{4.3}$$

下面给出用多 Lyapunov 函数方法求解系统(4.1)的定理.

定理 4.1　假设存在两个非负或非正的实数 β_1，β_2 及两个正定对称矩阵 $\boldsymbol{P}_1$，$\boldsymbol{P}_2$，使得下面两个不等式成立：

$$-(\boldsymbol{A}_{1j_1} + \boldsymbol{B}_{1j_1}\boldsymbol{K}_{1\vartheta_1})^{\mathrm{T}}\boldsymbol{P}_1 - \boldsymbol{P}_1(\boldsymbol{A}_{1j_1} + \boldsymbol{B}_{1j_1}\boldsymbol{K}_{1\vartheta_1}) + \beta_1(\boldsymbol{P}_2 - \boldsymbol{P}_1) > 0$$
$$(j_1,\ \vartheta_1 = 1,\ 2,\ \cdots,\ N_i)$$
$$-(\boldsymbol{A}_{2j_2} + \boldsymbol{B}_{2j_2}\boldsymbol{K}_{2\vartheta_2})^{\mathrm{T}}\boldsymbol{P}_2 - \boldsymbol{P}_2(\boldsymbol{A}_{2j_2} + \boldsymbol{B}_{2j_2}\boldsymbol{K}_{2\vartheta_2}) + \beta_2(\boldsymbol{P}_1 - \boldsymbol{P}_2) > 0$$
$$(j_2,\ \vartheta_2 = 1,\ 2,\ \cdots,\ N_i)$$

则存在切换函数 $\sigma = \sigma(\boldsymbol{x}(k))$：$[0,\ +\infty) \to \{1,\ 2\}$，使系统(4.1)是渐近稳定的.

证明从略.

4.2.2　连续切换模糊系统的松弛稳定性条件

本节的目的是研究具有松弛条件的连续切换模糊系统的稳定性问题. 所谓松弛稳定性，是指寻找满足切换模糊系统的稳定性条件，其稳定性条件相对于定理 4.1 所给出的稳定性条件增加了寻找公共正定矩阵 $\boldsymbol{P}$ 的可能性.

下面的定理采用多 Lyapunov 函数研究系统(4.1)的稳定性条件，给出一种基于 LMI 的松弛判定条件，并设计出实现系统全局渐近稳定的切换策略. 这种方法避免了因模糊规则数较多而带来的求解公共矩阵 $\boldsymbol{P}$ 的困难，扩大了其应用范围.

假设 4.1　对于系统(4.1)，假设隶属度函数满足以下形式：

$$\dot{\eta}_{il} \leqslant \vartheta_{il}\eta_{il}$$

其中，ϑ_{il}是一个常数.

为证明简捷且不失一般性，假设 $m = 2$. 下面利用多 Lyapunov 函数方法给出切换律 σ：$[0,\ +\infty) \to \{1,\ 2\}$ 的设计方案.

定理 4.2　假设存在两个同时非负或同时非正的实数 β_1，β_2 和适当维数的

矩阵 $\boldsymbol{P}_{12}$，$\boldsymbol{P}_{13}$，$\boldsymbol{P}_{22}$，$\boldsymbol{P}_{23}$，以及两个正定对称矩阵 $\boldsymbol{P}_{11j_1}$，$\boldsymbol{P}_{21j_2}$ 且有 $\boldsymbol{P}_{11j_1}-\boldsymbol{P}_{21j_2}$ 同号，使得下面两个 LMI 成立：

$$\begin{bmatrix} \boldsymbol{\Xi}_{1\theta_1 v_1 j_1 j_2} & \boldsymbol{P}_{11j_1}-\boldsymbol{P}_{12}^{\mathrm{T}}+(\boldsymbol{A}_{1\theta_1}+\boldsymbol{B}_{1\theta_1}\boldsymbol{K}_{1v_1})^{\mathrm{T}}\boldsymbol{P}_{13} \\ \boldsymbol{P}_{13}^{\mathrm{T}}(\boldsymbol{A}_{1\theta_1}+\boldsymbol{B}_{1\theta_1}\boldsymbol{K}_{1v_1})+\boldsymbol{P}_{11j_1}-\boldsymbol{P}_{12} & -\boldsymbol{P}_{13}-\boldsymbol{P}_{13}^{\mathrm{T}} \end{bmatrix}<0$$

$$(j_1,\ j_2,\ \theta_1,\ v_1=1,\ 2,\ \cdots,\ N_i) \tag{4.4}$$

$$\begin{bmatrix} \boldsymbol{\Xi}_{2\theta_2 v_2 j_2 j_1} & \boldsymbol{P}_{21j_2}-\boldsymbol{P}_{22}^{\mathrm{T}}+(\boldsymbol{A}_{2\theta_2}+\boldsymbol{B}_{2\theta_2}\boldsymbol{K}_{2v_2})^{\mathrm{T}}\boldsymbol{P}_{23} \\ \boldsymbol{P}_{23}^{\mathrm{T}}(\boldsymbol{A}_{2\theta_2}+\boldsymbol{B}_{2\theta_2}\boldsymbol{K}_{2v_2})+\boldsymbol{P}_{21j_2}-\boldsymbol{P}_{22} & -\boldsymbol{P}_{23}-\boldsymbol{P}_{23}^{\mathrm{T}} \end{bmatrix}<0$$

$$(j_1,\ j_2,\ \theta_2,\ v_2=1,\ 2,\ \cdots,\ N_i) \tag{4.5}$$

其中

$$\boldsymbol{\Xi}_{1\theta_1 v_1 j_1 j_2}=(\boldsymbol{A}_{1\theta_1}+\boldsymbol{B}_{1\theta_1}\boldsymbol{K}_{1v_1})^{\mathrm{T}}\boldsymbol{P}_{12}+\boldsymbol{P}_{12}(\boldsymbol{A}_{1\theta_1}+\boldsymbol{B}_{1\theta_1}\boldsymbol{K}_{1v_1})+\vartheta_{1j_1}\boldsymbol{P}_{11j_1}+\beta_1(\boldsymbol{P}_{11j_1}-\boldsymbol{P}_{21j_2})$$

$$\boldsymbol{\Xi}_{2\theta_2 v_2 j_2 j_1}=(\boldsymbol{A}_{2\theta_2}+\boldsymbol{B}_{2\theta_2}\boldsymbol{K}_{2v_2})^{\mathrm{T}}\boldsymbol{P}_{22}+\boldsymbol{P}_{22}(\boldsymbol{A}_{2\theta_2}+\boldsymbol{B}_{2\theta_2}\boldsymbol{K}_{2v_2})+\vartheta_{2j_2}\boldsymbol{P}_{21j_2}+\beta_2(\boldsymbol{P}_{21j_2}-\boldsymbol{P}_{11j_1})$$

则存在切换函数 $\sigma=\sigma(\boldsymbol{x}(t))$：$[0,\ +\infty)\to\{1,\ 2\}$，使系统(4.1)是渐近稳定的.

证明　考虑系统(4.1)，则有

$$\begin{bmatrix} \boldsymbol{I} & \boldsymbol{O} \\ \boldsymbol{O} & \boldsymbol{O} \end{bmatrix}\begin{bmatrix} \dot{\boldsymbol{x}} \\ \dot{\boldsymbol{y}} \end{bmatrix}=\sum_{l=1}^{N_i}\eta_{il}\sum_{r=1}^{N_i}\eta_{ir}\begin{bmatrix} \boldsymbol{O} & \boldsymbol{I} \\ \boldsymbol{A}_{il}+\boldsymbol{B}_{il}\boldsymbol{K}_{ir} & -\boldsymbol{I} \end{bmatrix}\begin{bmatrix} \boldsymbol{x} \\ \boldsymbol{y} \end{bmatrix}$$

这里，$\boldsymbol{y}=\dot{\boldsymbol{x}}$. 为简单起见，定义

$$\boldsymbol{E}=\begin{bmatrix} \boldsymbol{I} & \boldsymbol{O} \\ \boldsymbol{O} & \boldsymbol{O} \end{bmatrix},\ \bar{\boldsymbol{A}}_{ilr}=\begin{bmatrix} \boldsymbol{O} & \boldsymbol{I} \\ \boldsymbol{A}_{il}+\boldsymbol{B}_{il}\boldsymbol{K}_{ir} & -\boldsymbol{I} \end{bmatrix},\ \bar{\boldsymbol{x}}(t)=\begin{bmatrix} \boldsymbol{x} \\ \boldsymbol{y} \end{bmatrix}$$

则系统(4.3)可写成

$$\boldsymbol{E}\dot{\bar{\boldsymbol{x}}}(t)=\sum_{l=1}^{N_i}\eta_{il}\sum_{r=1}^{N_i}\eta_{ir}\bar{\boldsymbol{A}}_{ilr}\bar{\boldsymbol{x}}$$

令

$$\boldsymbol{P}_i=\begin{bmatrix} \boldsymbol{P}_{i1} & \boldsymbol{O} \\ \boldsymbol{P}_{i2} & \boldsymbol{P}_{i3} \end{bmatrix}=\sum_{l=1}^{N_i}\eta_{il}\begin{bmatrix} \boldsymbol{P}_{i1l} & \boldsymbol{O} \\ \boldsymbol{P}_{i2} & \boldsymbol{P}_{i3} \end{bmatrix},\ \boldsymbol{P}_{i1l}>0$$

取 Lyapunov 函数

$$V_i(\boldsymbol{x}(t))=\bar{\boldsymbol{x}}^{\mathrm{T}}(t)\boldsymbol{E}\boldsymbol{P}_i\bar{\boldsymbol{x}}(t)=\boldsymbol{x}^{\mathrm{T}}(t)\boldsymbol{P}_{i1}\boldsymbol{x}(t)=\boldsymbol{x}^{\mathrm{T}}(t)\sum_{l=1}^{N_i}\eta_{il}\boldsymbol{P}_{i1l}\boldsymbol{x}(t)$$

不失一般性，假设 β_1，$\beta_2\geqslant 0$. 因为式(4.4) 和式(4.5)同时成立，所以有

以下结论.

如果 $\boldsymbol{x}(t)^{\mathrm{T}}(\boldsymbol{P}_{11j_1}-\boldsymbol{P}_{21j_2})\boldsymbol{x}(t)\geqslant 0$ 且 $\boldsymbol{x}(t)\neq\boldsymbol{0}$，则

$$\begin{bmatrix} \boldsymbol{\Xi}_{1\theta_1 v_1 j_1} & \boldsymbol{P}_{11j_1}-\boldsymbol{P}_{12}^{\mathrm{T}}+(\boldsymbol{A}_{1\theta_1}+\boldsymbol{B}_{1\theta_1}\boldsymbol{K}_{1v_1})^{\mathrm{T}}\boldsymbol{P}_{13} \\ \boldsymbol{P}_{13}^{\mathrm{T}}(\boldsymbol{A}_{1\theta_1}+\boldsymbol{B}_{1\theta_1}\boldsymbol{K}_{1v_1})+\boldsymbol{P}_{11j_1}-\boldsymbol{P}_{12} & -\boldsymbol{P}_{13}-\boldsymbol{P}_{13}^{\mathrm{T}} \end{bmatrix}<0$$

$$(j_1,\ \theta_1,\ v_1=1,\ 2,\ \cdots,\ N_i)$$

如果 $\boldsymbol{x}(t)^{\mathrm{T}}(\boldsymbol{P}_{21j_2}-\boldsymbol{P}_{11j_1})\boldsymbol{x}(t)\geqslant 0$ 且 $\boldsymbol{x}(t)\neq\boldsymbol{0}$，则

$$\begin{bmatrix} \boldsymbol{\Xi}_{2\theta_2 v_2 j_2} & \boldsymbol{P}_{21j_2}-\boldsymbol{P}_{22}^{\mathrm{T}}+(\boldsymbol{A}_{2\theta_2}+\boldsymbol{B}_{2\theta_2}\boldsymbol{K}_{2v_2})^{\mathrm{T}}\boldsymbol{P}_{23} \\ \boldsymbol{P}_{23}^{\mathrm{T}}(\boldsymbol{A}_{2\theta_2}+\boldsymbol{B}_{2\theta_2}\boldsymbol{K}_{2v_2})+\boldsymbol{P}_{21j_2}-\boldsymbol{P}_{22} & -\boldsymbol{P}_{23}-\boldsymbol{P}_{23}^{\mathrm{T}} \end{bmatrix}<0$$

$$(j_2,\ \theta_2,\ v_2=1,\ 2,\ \cdots,\ N_i)$$

其中

$$\boldsymbol{\Xi}_{1\theta_1 v_1 j_1}=(\boldsymbol{A}_{1\theta_1}+\boldsymbol{B}_{1\theta_1}\boldsymbol{K}_{1v_1})^{\mathrm{T}}\boldsymbol{P}_{12}+\boldsymbol{P}_{12}(\boldsymbol{A}_{1\theta_1}+\boldsymbol{B}_{1\theta_1}\boldsymbol{K}_{1v_1})+\vartheta_{1j_1}\boldsymbol{P}_{11j_1}$$
$$\boldsymbol{\Xi}_{2\theta_2 v_2 j_2}=(\boldsymbol{A}_{2\theta_2}+\boldsymbol{B}_{2\theta_2}\boldsymbol{K}_{2v_2})^{\mathrm{T}}\boldsymbol{P}_{22}+\boldsymbol{P}_{22}(\boldsymbol{A}_{2\theta_2}+\boldsymbol{B}_{2\theta_2}\boldsymbol{K}_{2v_2})+\vartheta_{2j_2}\boldsymbol{P}_{21j_2}$$

令

$$\Omega_1=\{\boldsymbol{x}(t)\in\mathbf{R}^n\,|\,\boldsymbol{x}(t)^{\mathrm{T}}(\boldsymbol{P}_{11j_1}-\boldsymbol{P}_{21j_2})\boldsymbol{x}(t)\geqslant 0,\ \boldsymbol{x}(t)\neq\boldsymbol{0}\}$$
$$\Omega_2=\{\boldsymbol{x}(t)\in\mathbf{R}^n\,|\,\boldsymbol{x}(t)^{\mathrm{T}}(\boldsymbol{P}_{21j_2}-\boldsymbol{P}_{11j_1})\boldsymbol{x}(t)\geqslant 0,\ \boldsymbol{x}(t)\neq\boldsymbol{0}\}$$

则

$$\Omega_1\cup\Omega_2=\mathbf{R}^n\setminus\{0\}$$

设计切换律为

$$\sigma=\sigma(\boldsymbol{x}(t))=\begin{cases}1, & \boldsymbol{x}(t)\in\Omega_1\\ 2, & \boldsymbol{x}(t)\in\Omega_2\setminus\Omega_1\end{cases}\tag{4.6}$$

当 $\boldsymbol{x}(t)\in\Omega_1$ 时，有

$$\begin{aligned}\dot{V}_1 &= \sum_{l=1}^{N_i}\dot{\eta}_{1l}\boldsymbol{x}^{\mathrm{T}}\boldsymbol{P}_{11l}\boldsymbol{x}+\sum_{l=1}^{N_i}\eta_{1l}\{\dot{\boldsymbol{x}}^{\mathrm{T}}\boldsymbol{P}_{11l}\boldsymbol{x}+\boldsymbol{x}^{\mathrm{T}}\boldsymbol{P}_{11l}\dot{\boldsymbol{x}}\}\\ &\leqslant \sum_{l=1}^{N_i}\eta_{1l}\boldsymbol{x}^{\mathrm{T}}(\vartheta_{1l}\boldsymbol{P}_{11l})\boldsymbol{x}+\sum_{l=1}^{N_i}\eta_{1l}\{\dot{\boldsymbol{x}}^{\mathrm{T}}\boldsymbol{P}_{11l}\boldsymbol{x}+\boldsymbol{x}^{\mathrm{T}}\boldsymbol{P}_{11l}\dot{\boldsymbol{x}}\}\\ &=[\boldsymbol{x}^{\mathrm{T}}\quad \boldsymbol{y}^{\mathrm{T}}]\sum_{l=1}^{N_i}\eta_{1l}\begin{bmatrix}\vartheta_{1l}\boldsymbol{P}_{11l}^{\mathrm{T}} & \boldsymbol{P}_{12}^{\mathrm{T}}\\ \boldsymbol{O} & \boldsymbol{P}_{13}^{\mathrm{T}}\end{bmatrix}\begin{bmatrix}\boldsymbol{x}\\ \boldsymbol{0}\end{bmatrix}+\\ &\quad\sum_{l=1}^{N_i}\eta_{1l}\left\{[\dot{\boldsymbol{x}}^{\mathrm{T}}\quad \boldsymbol{0}]\cdot\boldsymbol{P}_{11l}\cdot\begin{bmatrix}\boldsymbol{x}\\ \boldsymbol{y}\end{bmatrix}+[\boldsymbol{x}^{\mathrm{T}}\quad \boldsymbol{y}^{\mathrm{T}}]\cdot\boldsymbol{P}_{11l}^{\mathrm{T}}\cdot\begin{bmatrix}\dot{\boldsymbol{x}}\\ \boldsymbol{0}\end{bmatrix}\right\}\end{aligned}$$

$$= \sum_{l=1}^{N_i} \eta_{1l} [\boldsymbol{x}^{\mathrm{T}} \quad \boldsymbol{y}^{\mathrm{T}}] \cdot \begin{bmatrix} \vartheta_{1l} \boldsymbol{P}_{11l}^{\mathrm{T}} & \boldsymbol{P}_{12}^{\mathrm{T}} \\ \boldsymbol{O} & \boldsymbol{P}_{13}^{\mathrm{T}} \end{bmatrix} \begin{bmatrix} 1 & 0 \\ 0 & 0 \end{bmatrix} \begin{bmatrix} \boldsymbol{x} \\ \boldsymbol{y} \end{bmatrix} +$$

$$\sum_{l=1}^{N_i} \eta_{1l} \cdot 2 \cdot [\boldsymbol{x}^{\mathrm{T}} \quad \boldsymbol{y}^{\mathrm{T}}] \cdot \begin{bmatrix} \boldsymbol{P}_{11l}^{\mathrm{T}} & \boldsymbol{P}_{12}^{\mathrm{T}} \\ \boldsymbol{O} & \boldsymbol{P}_{13}^{\mathrm{T}} \end{bmatrix} \cdot \begin{bmatrix} \dot{\boldsymbol{x}} \\ \boldsymbol{0} \end{bmatrix}$$

$$= \sum_{l=1}^{N_i} \eta_{1l} \bar{\boldsymbol{x}}^{\mathrm{T}} \begin{bmatrix} \vartheta_{1l} \boldsymbol{P}_{11l}^{\mathrm{T}} & \boldsymbol{O} \\ \boldsymbol{O} & \boldsymbol{O} \end{bmatrix} \bar{\boldsymbol{x}} +$$

$$2 \sum_{l=1}^{N_i} \eta_{1l} \bar{\boldsymbol{x}}^{\mathrm{T}} \begin{bmatrix} \boldsymbol{P}_{11l}^{\mathrm{T}} & \boldsymbol{P}_{12}^{\mathrm{T}} \\ \boldsymbol{O} & \boldsymbol{P}_{13}^{\mathrm{T}} \end{bmatrix} \begin{bmatrix} \boldsymbol{O} & 1 \\ \sum_{r=1}^{N_i} \eta_{1r} \sum_{h=1}^{N_i} \eta_{1h} (\boldsymbol{A}_{1r} + \boldsymbol{B}_{1r} \boldsymbol{K}_{1h}) & -1 \end{bmatrix} \bar{\boldsymbol{x}}$$

$$= \sum_{l=1}^{N_i} \eta_{1l} \sum_{r=1}^{N_i} \eta_{1r} \sum_{h=1}^{N_i} \eta_{1h} \bar{\boldsymbol{x}}^{\mathrm{T}} \cdot$$

$$\begin{bmatrix} (\boldsymbol{A}_{1r} + \boldsymbol{B}_{1r} \boldsymbol{K}_{1h})^{\mathrm{T}} \boldsymbol{P}_{12} + \vartheta_{1l} \boldsymbol{P}_{11l} + \boldsymbol{P}_{12} (\boldsymbol{A}_{1r} + \boldsymbol{B}_{1r} \boldsymbol{K}_{1h}) & (\boldsymbol{A}_{1r} + \boldsymbol{B}_{1r} \boldsymbol{K}_{1h})^{\mathrm{T}} \boldsymbol{P}_{13} + \boldsymbol{P}_{11l} - \boldsymbol{P}_{12}^{\mathrm{T}} \\ \boldsymbol{P}_{13}^{\mathrm{T}} (\boldsymbol{A}_{1r} + \boldsymbol{B}_{1r} \boldsymbol{K}_{1h}) + \boldsymbol{P}_{11l} - \boldsymbol{P}_{12} & -\boldsymbol{P}_{13} - \boldsymbol{P}_{13}^{\mathrm{T}} \end{bmatrix} \bar{\boldsymbol{x}}$$

考虑式(4.2)和式(4.4)，对于任意的 $\boldsymbol{x}(t) \neq \boldsymbol{0}$，$\dot{V}_1(\boldsymbol{x}(t)) < 0$.

同理，当 $\boldsymbol{x}(t) \in \Omega_2 \setminus \Omega_1$ 时，有 $\dot{V}_2(\boldsymbol{x}(t)) < 0$，因而系统(4.1)在切换律(4.6)下是渐近稳定的.

注 4.1　定理 4.2 仅研究了两个连续切换模糊系统之间切换的情形. 但从定理的证明过程中不难看到，定理的结论完全可以推广到在有限多个连续切换模糊系统之间切换的情形.

注 4.2　在式(4.4)和式(4.5)中，待定矩阵 $\boldsymbol{P}_{i2}$ 和 $\boldsymbol{P}_{i3}$ 为松弛变量[107]，线性矩阵不等式(4.4)和式(4.5)不包含 Lyapunov 矩阵 $\boldsymbol{P}_{i1j_i}$ 和系统矩阵 $\boldsymbol{A}_{i\theta_i} + \boldsymbol{B}_{i\theta_i}\boldsymbol{K}_{iv_i}$ 的乘积. 这种特性是由松弛变量 $\boldsymbol{P}_{i2}$ 和 $\boldsymbol{P}_{i3}$ 产生的. 松弛变量的出现降低了求解公共矩阵 $\boldsymbol{P}$ 的困难.

4.2.3　仿真例子

考虑由例 3.1 给出的基于模糊状态方程设计的房间空气调节系统[104].

为分析系统稳定性，利用坐标变换将其转化为原点稳定性分析问题. 考虑此空气调节系统要求的精度较高，即在短时间内达到一定的设定温度，设计冗余电路，将系统的模糊模型转化为如下切换模糊模型：

R_1^1: If $\boldsymbol{x}$ is $\boldsymbol{P}_{11}^1$, then $\dot{\boldsymbol{x}}(t)=\boldsymbol{A}_{11}\boldsymbol{x}+\boldsymbol{B}_{11}u_1$

R_1^2: If $\boldsymbol{x}$ is $\boldsymbol{N}_{11}^2$, then $\dot{\boldsymbol{x}}(t)=\boldsymbol{A}_{12}\boldsymbol{x}+\boldsymbol{B}_{12}u_1$

R_2^1: If $\boldsymbol{x}$ is $\boldsymbol{P}_{21}^1$, then $\dot{\boldsymbol{x}}(t)=\boldsymbol{A}_{21}\boldsymbol{x}+\boldsymbol{B}_{21}u_2$

R_2^2: If $\boldsymbol{x}$ is $\boldsymbol{N}_{21}^2$, then $\dot{\boldsymbol{x}}(t)=\boldsymbol{A}_{22}\boldsymbol{x}+\boldsymbol{B}_{22}u_2$

其中

$$\boldsymbol{A}_{11}=\begin{bmatrix}-0.5 & 4\\ -0.943 & -1.0493\end{bmatrix},\ \boldsymbol{B}_{11}=\begin{bmatrix}0\\ 0.4926\end{bmatrix}$$

$$\boldsymbol{A}_{12}=\begin{bmatrix}-0.5 & 3\\ -0.132 & -0.4529\end{bmatrix},\ \boldsymbol{B}_{12}=\begin{bmatrix}0\\ 0.1316\end{bmatrix}$$

$$\boldsymbol{A}_{21}=\begin{bmatrix}1 & 2\\ -0.2941 & -1.4321\end{bmatrix},\ \boldsymbol{B}_{21}=\begin{bmatrix}0\\ 0.5765\end{bmatrix}$$

$$\boldsymbol{A}_{22}=\begin{bmatrix}1 & 2\\ -0.4706 & -0.7535\end{bmatrix},\ \boldsymbol{B}_{22}=\begin{bmatrix}0\\ 0.1765\end{bmatrix}$$

隶属度函数为

$$\mu_{\boldsymbol{P}_{11}^1}(x)=\mu_{\boldsymbol{P}_{21}^1}(x)=1-\frac{1}{1+\mathrm{e}^{-2x}}$$

$$\mu_{\boldsymbol{N}_{11}^2}(x)=\mu_{\boldsymbol{N}_{21}^2}(x)=\frac{1}{1+\mathrm{e}^{-2x}}$$

由式(4.4)和式(4.5)，取 $\vartheta_{il}=1$ 和 $\beta_1=\beta_2=1$，可求出矩阵

$$\boldsymbol{K}_{11}=[\,-0.1310\quad -0.1148\,]$$

$$\boldsymbol{K}_{12}=[\,-0.0623\quad -2.3020\,]$$

$$\boldsymbol{K}_{21}=[\,-4.4991\quad -2.4986\,]$$

$$\boldsymbol{K}_{22}=[\,-5.4991\quad -3.4986\,]$$

$$\boldsymbol{P}_{111}=\begin{bmatrix}2.8709 & 1.1097\\ 1.1097 & 1.8407\end{bmatrix}$$

$$\boldsymbol{P}_{112}=\begin{bmatrix}2.1556 & 0.6542\\ 0.6542 & 1.1225\end{bmatrix}$$

$$\boldsymbol{P}_{211}=\begin{bmatrix}4.1346 & 2.4437\\ 2.4437 & 2.7354\end{bmatrix}$$

$$\boldsymbol{P}_{212}=\begin{bmatrix}2.9061 & 1.7414\\ 1.7414 & 1.3659\end{bmatrix}$$

$$P_2 = \begin{bmatrix} 2.4371 & -3.7507 \\ 5.7753 & 0.2946 \end{bmatrix}$$

$$P_3 = e^5 \begin{bmatrix} 0 & -1.5489 \\ 1.5489 & 0 \end{bmatrix}$$

那么，系统在切换律 (4.6)下是渐近稳定的.

利用 Matlab 仿真，对于初始点$[-15 \quad 0]^T$，仿真结果如图 4.1 所示.

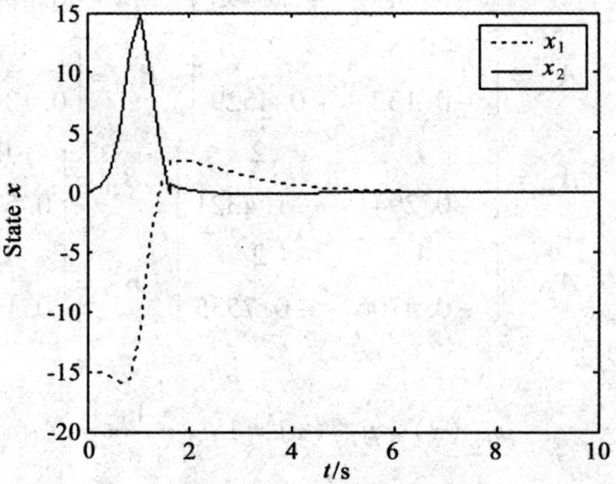

图 4.1　根据定理 4.2 得到的温度变化仿真图

4.3　离散切换模糊系统的松弛稳定性

4.3.1　系统的描述

类似于系统(4.1)，下面考虑由以下 N_σ 条规则构成的离散切换模糊系统：

$$R_\sigma^l: \text{If } \bar{x}_1(k) \text{ is } M_{\sigma 1}^l \cdots \text{and } \bar{x}_p(k) \text{ is } M_{\sigma p}^l, \text{ then}$$

$$\boldsymbol{x}(k+1) = \boldsymbol{A}_{\sigma l}\boldsymbol{x}(k) + \boldsymbol{B}_{\sigma l}\boldsymbol{u}_\sigma(k) \quad (l=1, 2, \cdots, N_\sigma) \tag{4.7}$$

其中，分段常值函数 $\sigma=\sigma(\boldsymbol{x}(k))$：$\{0, 1, \cdots\}\to\{1, 2, \cdots, m\}$是一个待定的切换信号；$M_{\sigma 1}^l$，…，$M_{\sigma p}^l$代表第 σ 个切换子系统中的模糊集；R_σ^l 代表第 σ 个切换子系统内的第 l 条模糊规则；N_σ 是第 σ 个切换子系统内的模糊规则数；$\boldsymbol{u}_\sigma(k)$ 表示第 σ 个切换子系统的输入量；$\boldsymbol{x}(k)$是状态变量；$\boldsymbol{A}_{\sigma l}\in\mathbf{R}^{n\times n}$ 及 $\boldsymbol{B}_{\sigma l}\in\mathbf{R}^{n\times p}$ 是

第 σ 个切换子系统中的常数矩阵；$\boldsymbol{x}(k)=[\bar{x}_1(k),\ \bar{x}_2(k),\ \cdots,\ \bar{x}_p(k)]^{\mathrm{T}}$ 为前件变量.

同样，可以得到第 i 个切换子系统的全局模型：

$$\boldsymbol{x}(k+1)=\sum_{l=1}^{N_i}\eta_{il}(\bar{\boldsymbol{x}}(k))(\boldsymbol{A}_{il}\boldsymbol{x}(k)+\boldsymbol{B}_{il}u_i(k)) \tag{4.8}$$

其中，$0\leqslant\eta_{il}(\bar{\boldsymbol{x}}(k))\leqslant 1$，$\sum_{l=1}^{N_i}\eta_{il}(\bar{\boldsymbol{x}}(k))=1$.

对于离散切换模糊系统，采用 PDC 控制器. 和连续切换模糊系统的情形一样，当模糊规则数较大时，可能会造成求解正定对称矩阵 $\boldsymbol{P}$ 的困难. 因此，需要寻找一种松弛的稳定性条件.

4.3.2　离散切换模糊系统的松弛稳定性条件

在研究离散切换模糊系统的松弛稳定性条件之前，首先介绍一些基本概念.

定义 4.1　（四边形隶属度函数）令 $[a,\ d]\subset\mathbf{R}$，模糊集 A 的四边形隶属度函数是 $\mathbf{R}$ 上的一个连续函数，其定义为

$$\mu_A(x;\ a,\ b,\ c,\ d,\ H)=\begin{cases} I(x), & x\in[a,\ b) \\ H, & x\in[b,\ c] \\ D(x), & x\in(c,\ d] \\ 0, & x\in\mathbf{R}-(a,\ d) \end{cases}$$

式中，$a\leqslant b\leqslant c\leqslant d$，$0\leqslant H\leqslant 1$，$0\leqslant I(x)\leqslant 1$ 是 $[a,\ b)$ 上的一个非减函数，$0\leqslant D(x)\leqslant 1$ 是 $(c,\ d]$ 上的一个非增函数. 当模糊集 A 为标准模糊集（即 $H=1$）时，其隶属度函数可以简单地记为 $\mu_A(x;\ a,\ b,\ c,\ d)$.

图 4.2 所示为四边形隶属度函数的例子. 如果论域是有边界的，则 a，b，c，d 是有限数. 四边形隶属度函数包含了许多常用的隶属度函数，如，若选定

$$I(x)=\frac{x-a}{b-a},\ D(x)=\frac{x-d}{c-d} \tag{4.9}$$

则四边形隶属度函数就变成了梯形隶属度函数. 如果 $b=c$，$I(x)$ 和 $D(x)$ 同式 (4.9) 中的 $I(x)$ 和 $D(x)$，那么就会得到三角隶属度函数，记为 $\mu_A(x;\ a,\ b,\ d)$. 如果选定 $a=\infty$，$b=c=\bar{x}$，$d=\infty$，且

$$I(x) = D(x) = \exp\left(-\left(\frac{x-\bar{x}}{\sigma}\right)^2\right)$$

则四边形隶属度函数就变成了高斯隶属度函数. 所以说，四边形隶属度函数是一个隶属度函数族.

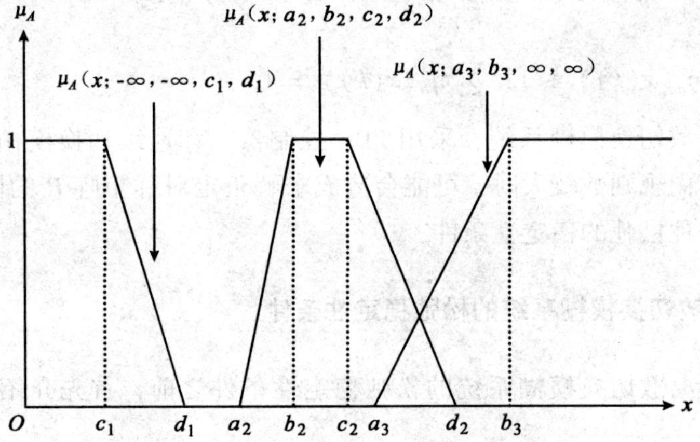

图 4.2　四边形隶属度函数的例子

定义 4.2　(模糊集的完备性) 如果对任意的 $x \in W$，都存在 A^j，使得 $\mu_{A^j}(x) > 0$，则认为 $W \subset \mathbf{R}$ 上的模糊集 A^1，A^2，…，A^N 在 W 上是完备的.

定义 4.3　(模糊集的一致性) 如果对某个 $x \in W$，有 $\mu_{A^j}(x) = 1$ 成立，且对所有的 $i \neq j$，都有 $\mu_{A^i}(x) = 0$ 成立，则认为 $W \subset \mathbf{R}$ 上的模糊集 A^1，A^2，…，A^N 在 W 上是一致的.

定义 4.4　(模糊集的高峰集) $W \subset \mathbf{R}$ 上的一个模糊集 A 的高峰集是 W 上的一个子集，其定义为

$$hgh(A) = \{x \in W \mid \mu_A(x) = \sup_{x' \in W} \mu_A(x')\}$$

如果 A 是一个具有四边形隶属度函数 $\mu_A(x;\ a,\ b,\ c,\ d)$ 的标准模糊集，则 $hgh(A) = [b,\ c]$.

定义 4.5　(模糊集的排序) 对于 $W \subset \mathbf{R}$ 上的两个模糊集 A 和 B，如果 $hgh(A) > hgh(B)$，则称 $A > B$(即如果 $x \in hgh(A)$，$x' \in hgh(B)$，则 $x > x'$).

下面介绍具有四边形隶属度函数的模糊集的性质.

引理 4.1　如果 A^1，A^2，…，A^N 是 $W \subset \mathbf{R}$ 上一致的、标准的模糊集，其具

有四边形隶属度函数 $\mu_{A^i}(x;\ a_i,\ b_i,\ c_i,\ d_i)(i=1,\ 2,\ \cdots,\ N)$，则存在一个 $\{1,\ 2,\ \cdots,\ N\}$的重排列$\{i_1,\ i_2,\ \cdots,\ i_N\}$，使得

$$A^{i_1} < A^{i_2} < \cdots < A^{i_N}$$

引理 4.2　令 $W \subset \mathbf{R}$ 上的模糊集 A^1，A^2，$\cdots$，A^N 为标准的、一致的、完备的模糊集，其具有四边形隶属度函数$\mu_{A^i}(x;\ a_i,\ b_i,\ c_i,\ d_i)$．如果 $A^1 < A^2 < \cdots < A^N$，则当 $i=1,\ 2,\ \cdots,\ N-1$ 时，有

$$c_i \leqslant a_{i+1} < d_i \leqslant b_{i+1}$$

引理 4.2 的示例见图 4.3.

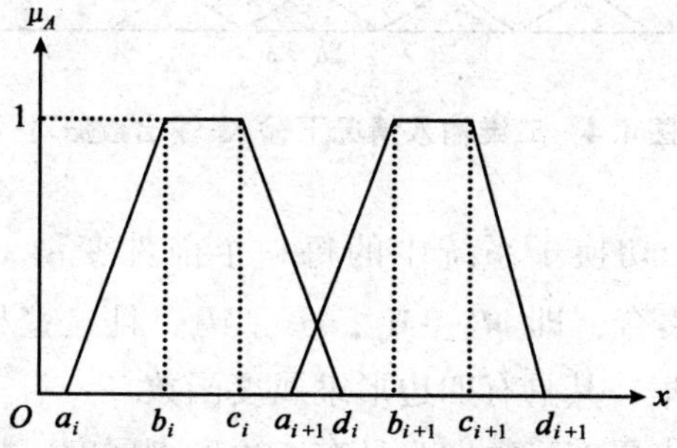

图 4.3　引理 4.2 的示例

另外，由文献[108]可知，在设计模糊系统时，由一个输入-输出数据对产生一条模糊规则．假设给出 N 对输入-输出数据对$(x_{01}^p,\ \cdots,\ x_{0n}^p;\ y_0^p)$ $(p=1,\ 2,\ \cdots,\ N)$，对每个输入变量 $x_i(i=1,\ 2,\ \cdots,\ n)$，确定使 x_{0i}^p有最大隶属度值的模糊集 $A_i^{j^*}$，即确定模糊集 $A_i^{j^*}$，使得$\mu_{A_i^{j^*}}(x_{0i}^p) \geqslant \mu_{A_i^j}(x_{0i}^p)(j=1,\ 2,\ \cdots,\ N_i)$．类似地，确定 B^{j^*}，使得$\mu_{B^{l^*}}(y_0^p) \geqslant \mu_{B^l}(y_0^p)(l=1,\ 2,\ \cdots,\ N_y)$.

对于图 4.4 中的例子来说，由输入-输出数据对$(x_{01}^1,\ x_{02}^1;\ y_0^1)$可得 $A_1^{j^*}=B1$，$A_2^{j^*}=S1$，$B^{l^*}=CE$；由输入-输出数据对$(x_{01}^2,\ x_{02}^2;\ y_0^2)$可得 $A_1^{j^*}=B1$，$A_2^{j^*}=CE$，$B^{l^*}=B1$．那么，对于下面的模糊规则：

如果 x_1 为 $A_1^{j^*}$ 且……且 x_n 为 $A_n^{j^*}$，则 y 为 B^{l^*}．即

由数据对$(x_{01}^1,\ x_{02}^1;\ y_0^1)$可得出规则：如果 x_1 为 $B1$ 且 x_2 为 $S1$，则 y 为 CE；

由数据对$(x_{01}^2,\ x_{02}^2;\ y_0^2)$可得出规则：如果 x_1 为 $B1$ 且 x_2 为 CE，则 y 为 $B1$.

下面给出离散切换模糊系统的松弛稳定性条件.

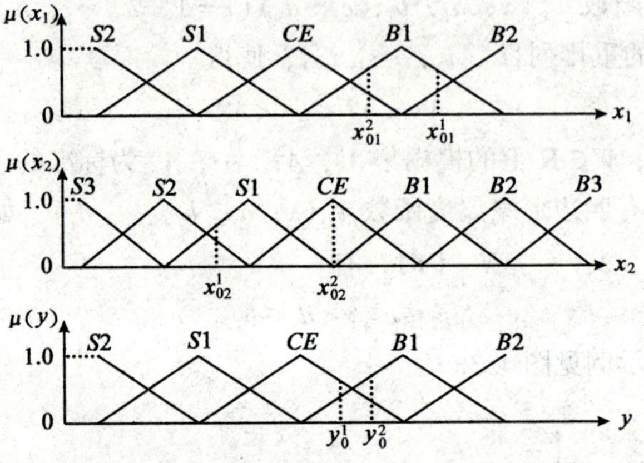

图 4.4　二维输入情况下输入–输出数据对

假设 4.2　第 i 个切换子系统中的每一个前件变量 $\bar{x}_1(k)$，$\bar{x}_2(k)$，…，$\bar{x}_p(k)$具有 q 个模糊集合，即 M_{ij}^1，M_{ij}^2，…，M_{ij}^q，且这些模糊集合是标准的、一致的、完备的模糊集，其具有四边形隶属度函数.

如图 4.5 所示的隶属度函数即为具有四边形隶属度函数.

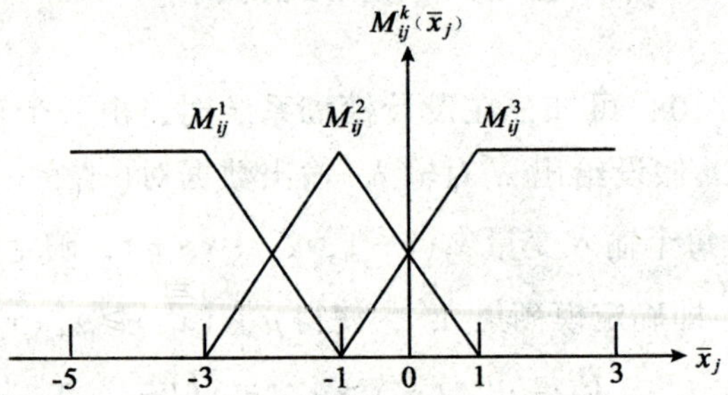

图 4.5　前件变量的隶属度函数

假设 4.3　由 $\bar{x}_j(k)(j=1, 2, \cdots, p)$的一个输入数据产生一条模糊规则.

根据以上两个假设可以看出，$\bar{x}_j$ 的输入数据只与两个相邻的模糊集合或其中一个模糊集合有关，即只与 M_{ij}^k和 M_{ij}^{k+1}或与 M_{ij}^k有关，对于 $v \neq k$ 和 $v \neq k+1$，则有 $M_{ij}^v(\bar{x}_j)=0$. 那么，在每个切换子系统中，由 $\bar{x}_j$ 的一个输入数据所对应的状态模型的模糊规则数一定是小于或等于 2^p，p 为前件变量数，即对应 $\bar{x}_j$ 的一个输入数据的状态模型寻找正定对称矩阵 $\boldsymbol{P}$ 时只需要满足 2^p 个不等式. 然而，

$\bar{x}_j$ 的输入数据的数量是很大的. 不同的输入数据可能有不同的 2^p 个规则.

将第 i 个切换子系统中的状态变量划分为若干个模糊子区域 Ω_{i1}, …, Ω_{il}, …, $\Omega_{i\ell}$, 取每个模糊子区域里所描述的状态模型具有的模糊规则都是相同的一组 2^p 个. 这组 2^p 个模糊规则叫一个规则组. 这里, 规则组的数量和模糊子区域的数量是相同的. 也就是说, 一个规则组的 2^p 个模糊规则描述了第 i 个切换子系统中第 l 个组(用 G_{il} 表示)的状态向量模型, 且这个状态向量模型是属于 Ω_{il} 中的, 如图 4.6 所示.

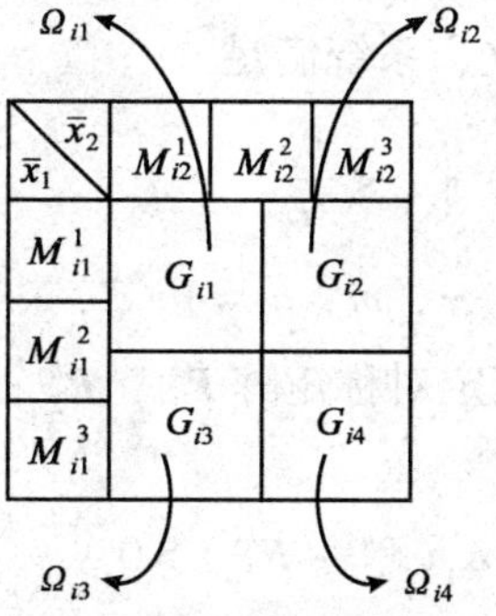

(a) 第 i 个切换子系统的规则组

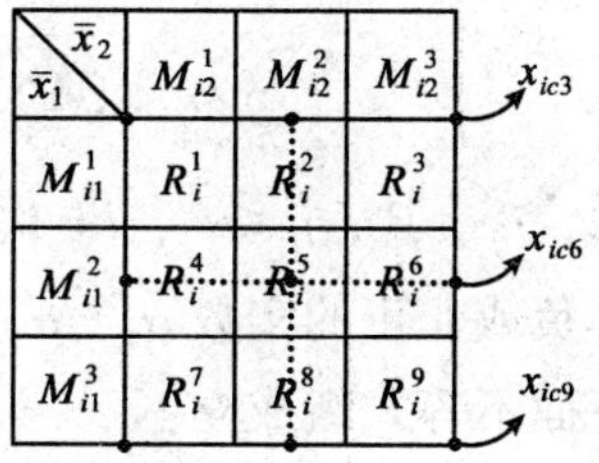

(b) 第 i 个切换子系统的规则表

图 4.6　第 i 个切换子系统的模糊规则

现在, 可以在每一个切换子系统中的每一组中寻找正定对称矩阵 $\boldsymbol{P}$ 去满足系统的稳定性. 问题由"在同时满足所有的不等式 (2.18) 和式 (2.19) 中寻找 $\boldsymbol{P}_1$, $\boldsymbol{P}_2$" 变成 "在切换子系统中的每一个组中寻找正定对称阵 $\boldsymbol{P}$". 显然, 后者的条件要比前者宽松得多. 即后者的条件为松弛条件, 是指寻找满足离散切换模糊系统的稳定性条件, 其稳定性条件相对于定理 2.7 所给出的稳定性条件增加了寻找公共正定矩阵 $\boldsymbol{P}$ 的可能性.

因此, 第 i 个切换子系统 (4.8) 的第 r 组的模型可改写成

$$\boldsymbol{x}(k+1) = \sum_{l=1}^{\beta_i} \eta_{il}(\boldsymbol{A}_{il}^r \boldsymbol{x}(k) + \boldsymbol{B}_{il}^r u_i(k)) \quad (i = 1,2,\cdots,m; r = 1,2,\cdots,g)$$

其中, $\boldsymbol{A}_{il}^r$ 表示属于第 r 组的任何一个 $\boldsymbol{A}_{il}$ 矩阵; $l=1$, 2, …, β_i, $\beta_i = 2^p$; g 是所分割的模糊子区域数, 为$(q-1)^p$.

对于每个切换子系统, 采用与第 2 章相同的 PDC 控制器设计方法, 即

$u_i(k) = \sum_{l=1}^{N_i} \eta_{il} \boldsymbol{K}_{il} \boldsymbol{x}(k)$，则第 r 组的模型为

$$\boldsymbol{x}(k+1) = \sum_{l=1}^{\beta_i} \eta_{il} \sum_{s=1}^{\beta_i} \eta_{is} (\boldsymbol{A}_{il}^r + \boldsymbol{B}_{il}^r \boldsymbol{K}_{is}^r) \boldsymbol{x}(k) = \sum_{l=1}^{\beta_i} \eta_{il} \sum_{s=1}^{\beta_i} \eta_{is} \boldsymbol{A}_{ils}^r \boldsymbol{x}(k)$$

其中，$\boldsymbol{B}_{il}^r$表示属于第 r 组的任何一个 $\boldsymbol{B}_{il}$矩阵，且 $\boldsymbol{K}_{il}^r$表示属于第 r 组的任何一个 $\boldsymbol{K}_{il}$矩阵.

为简单起见，同样利用多 Lyapunov 函数技术，假设 $m=2$，即切换律 $\sigma(\boldsymbol{x}(k))$：$\{0, 1, \cdots\} \to \{1, 2\}$.

定理 4.3 若假设 4.2 和假设 4.3 成立，系统满足

$$\max_{j_i, h_i, w_i} \| (\boldsymbol{A}_{ij_iw_i}^{h_i} - \boldsymbol{I}) \|_\infty < \frac{\varepsilon_i}{2L_i}$$

$$(j_i, w_i = 1, 2, \cdots, \beta_i, j_i \leqslant w_i, i = 1, 2, \cdots, m, h_i = 1, 2, \cdots, g) \quad (4.10)$$

并存在两个非负或非正的实数 α_1，α_2 及正定对称矩阵 $\boldsymbol{P}_1^{h_1}$，$\boldsymbol{P}_2^{h_2}$，且有 $\boldsymbol{P}_1^{h_1} - \boldsymbol{P}_2^{h_2}$ 同号，使得下面不等式组成立：

$$-\boldsymbol{S}_{1j_1w_1}^{h_1\mathrm{T}} \boldsymbol{P}_1^{h_1} \boldsymbol{S}_{1j_1w_1}^{h_1} + \boldsymbol{P}_1^{h_1} + \alpha_1 (\boldsymbol{P}_2^{h_2} - \boldsymbol{P}_1^{h_1}) > 0$$

$$(j_1, w_1 = 1, 2, \cdots, \beta_1, j_1 \leqslant w_1, h_i = 1, 2, \cdots, g) \quad (4.11)$$

$$-\boldsymbol{S}_{1j_1w_1}^{h_1\mathrm{T}} \tilde{\boldsymbol{P}}_1^{h_1} \boldsymbol{S}_{1j_1w_1}^{h_1} + \boldsymbol{P}_1^{h_1} + \alpha_1 (\boldsymbol{P}_2^{h_2} - \boldsymbol{P}_1^{h_1}) > 0$$

$$(j_1, w_1 = 1, 2, \cdots, \beta_1, j_1 \leqslant w_1, h_i = 1, 2, \cdots, g) \quad (4.12)$$

$$-\boldsymbol{S}_{2j_2w_2}^{h_2\mathrm{T}} \boldsymbol{P}_2^{h_2} \boldsymbol{S}_{2j_2w_2}^{h_2} + \boldsymbol{P}_2^{h_2} + \alpha_2 (\boldsymbol{P}_1^{h_1} - \boldsymbol{P}_2^{h_2}) > 0$$

$$(j_2, w_2 = 1, 2, \cdots, \beta_2, j_2 \leqslant w_2, h_i = 1, 2, \cdots, g) \quad (4.13)$$

$$-\boldsymbol{S}_{2j_2w_2}^{h_2\mathrm{T}} \tilde{\boldsymbol{P}}_2^{h_2} \boldsymbol{S}_{2j_2w_2}^{h_2} + \boldsymbol{P}_2^{h_2} + \alpha_2 (\boldsymbol{P}_1^{h_1} - \boldsymbol{P}_2^{h_2}) > 0$$

$$(j_2, w_2 = 1, 2, \cdots, \beta_2, j_2 \leqslant w_2, h_i = 1, 2, \cdots, g) \quad (4.14)$$

则存在切换函数 $\sigma = \sigma(\boldsymbol{x}(k))$，$[0, +\infty) \to \{1, 2\}$，使系统 (4.7) 是渐近稳定的.

这里，$\tilde{\boldsymbol{P}}_i^{h_i}$ 是 $\boldsymbol{G}_{ih_i}$的相邻组 $\tilde{\boldsymbol{G}}_{ih_i}$的正定对称矩阵，$\boldsymbol{S}_{ij_iw_i}^{h_i} = \frac{\boldsymbol{A}_{ij_iw_i}^{h_i} + \boldsymbol{A}_{iw_ij_i}^{h_i}}{2}$，$\boldsymbol{A}_{ij_iw_i}^{h_i} = \boldsymbol{A}_{ij_i}^{h_i} + \boldsymbol{B}_{ij_i}^{h_i} \boldsymbol{K}_{iw_i}^{h_i}$，且 $\boldsymbol{A}_{ij_i}$ 和 $\boldsymbol{K}_{iw_i}$ 同属于一个组中. $L_i \equiv \max_z \| x_{icz} \|_\infty$，$x_{icz}$是属于切换子系统 Ω_i 中的模糊子区域的交叉点，例如图 4.6(b) 所示，$z = 1, 2, \cdots, N_i$. ε_i 是第 i 个切换子系统中所有模糊集合 M_{ij}^q的支撑集所跨距离的最小值.

证明 不失一般性，假设 α_1，$\alpha_2 \geqslant 0$，取 Lyapunov 函数为

$$V_i(k) = \sum_{r=1}^{g} \delta_i^r \boldsymbol{x}^{\mathrm{T}}(k) \boldsymbol{P}_i^r \boldsymbol{x}(k) \quad (i = 1,2;r = 1,2,\cdots,g)$$

其中，$\delta_i^r = \begin{cases} 1, & \boldsymbol{x}(k) \in G_{ir} \\ 0, & 其他 \end{cases}$；$\boldsymbol{P}_i^r$ 是第 i 个切换子系统的第 r 组的正定对称矩阵.

因为式(4.11)～式(4.14)同时成立可得以下结论.

如果 $\boldsymbol{x}^{\mathrm{T}}(k)(\boldsymbol{P}_1^{h_1} - \boldsymbol{P}_2^{h_2})\boldsymbol{x}(k) \geqslant 0$，且 $\boldsymbol{x}(k) \neq \boldsymbol{0}$，则有

$$\boldsymbol{x}^{\mathrm{T}}(k)(\boldsymbol{S}_{1j_1w_1}^{h_1\ \mathrm{T}} \boldsymbol{P}_1^{h_1} \boldsymbol{S}_{1j_1w_1}^{h_1} - \boldsymbol{P}_1^{h_1})\boldsymbol{x}(k) < 0$$
$$(j_1,\ w_1 = 1,\ 2,\ \cdots,\ \beta_1,\ j_1 \leqslant w_1,\ h_1 = 1,\ 2,\ \cdots,\ g)$$
$$\boldsymbol{x}^{\mathrm{T}}(k)(\boldsymbol{S}_{1j_1w_1}^{h_1\ \mathrm{T}} \tilde{\boldsymbol{P}}_1^{h_1} \boldsymbol{S}_{1j_1w_1}^{h_1} - \boldsymbol{P}_1^{h_1})\boldsymbol{x}(k) < 0$$
$$(j_1,\ w_1 = 1,\ 2,\ \cdots,\ \beta_1,\ j_1 \leqslant w_1,\ h_1 = 1,\ 2,\ \cdots,\ g)$$

如果 $\boldsymbol{x}^{\mathrm{T}}(k)(\boldsymbol{P}_2^{h_2} - \boldsymbol{P}_1^{h_1})\boldsymbol{x}(k) \geqslant 0$，且 $\boldsymbol{x}(k) \neq \boldsymbol{0}$，则有

$$\boldsymbol{x}^{\mathrm{T}}(k)(\boldsymbol{S}_{2j_2w_2}^{h_2\ \mathrm{T}} \boldsymbol{P}_2^{h_2} \boldsymbol{S}_{2j_2w_2}^{h_2} - \boldsymbol{P}_2^{h_2})\boldsymbol{x}(k) < 0$$
$$(j_2,\ w_2 = 1,\ 2,\ \cdots,\ \beta_1,\ j_2 \leqslant w_2,\ h_2 = 1,\ 2,\ \cdots,\ g)$$
$$\boldsymbol{x}^{\mathrm{T}}(k)(\boldsymbol{S}_{2j_2w_2}^{h_2\ \mathrm{T}} \tilde{\boldsymbol{P}}_2^{h_2} \boldsymbol{S}_{2j_2w_2}^{h_2} - \boldsymbol{P}_2^{h_2})\boldsymbol{x}(k) < 0$$
$$(j_2,\ w_2 = 1,\ 2,\ \cdots,\ \beta_1,\ j_2 \leqslant w_2,\ h_2 = 1,\ 2,\ \cdots,\ g)$$

令

$$\Omega_1 = \{\boldsymbol{x}(k) \in \mathbf{R}^n \mid \boldsymbol{x}^{\mathrm{T}}(k)(\boldsymbol{P}_1^{h_1} - \boldsymbol{P}_2^{h_2})\boldsymbol{x}(k) \geqslant 0,\ \boldsymbol{x}(k) \neq \boldsymbol{0}\}$$
$$\Omega_2 = \{\boldsymbol{x}(k) \in \mathbf{R}^n \mid \boldsymbol{x}^{\mathrm{T}}(k)(\boldsymbol{P}_2^{h_2} - \boldsymbol{P}_1^{h_1})\boldsymbol{x}(k) \geqslant 0,\ \boldsymbol{x}(k) \neq \boldsymbol{0}\}$$

则

$$\Omega_1 \cup \Omega_2 = \mathbf{R}^n \setminus \{0\}$$

切换律为

$$\sigma = \sigma(\boldsymbol{x}(k)) = \begin{cases} 1, & \boldsymbol{x}(k) \in \Omega_1 \\ 2, & \boldsymbol{x}(k) \in \Omega_2 \setminus \Omega_1 \end{cases} \tag{4.15}$$

当 $\boldsymbol{x}(k) \in \Omega_1$ 时，考虑以下两种情形.

① $\boldsymbol{x}(k)$ 和 $\boldsymbol{x}(k+1)$ 在同一个 G_{1r} 中，则有

$$\Delta V_1(\boldsymbol{x}(k)) \leqslant \sum_{r=1}^{g} \delta_1^r \Big\{ \sum_{l=1}^{\beta_1} \eta_{1l}^2 \boldsymbol{x}^{\mathrm{T}}(k)[\boldsymbol{A}_{1ll}^{r\ \mathrm{T}} \boldsymbol{P}_1^r \boldsymbol{A}_{1ll}^r - \boldsymbol{P}_1^r]\boldsymbol{x}(k) + 2\sum_{l<s}^{\beta_1} \eta_{1l}\eta_{1s} \boldsymbol{x}^{\mathrm{T}}(k)[\boldsymbol{S}_{1ls}^{r\ \mathrm{T}} \boldsymbol{P}_1^r \boldsymbol{S}_{1sl}^r - \boldsymbol{P}_1^r]\boldsymbol{x}(k) \Big\} \tag{4.16}$$

② $\boldsymbol{x}(k)$ 和 $\boldsymbol{x}(k+1)$ 不在同一个 G_{1r} 中，由文献[106]，考虑式(4.10)，$\boldsymbol{x}(k)$ 和 $\boldsymbol{x}(k+1)$ 必定在相邻的 G_{1h} 和 $\tilde{G}_{1h}$ 内出现，现在将式（4.10）改写成

$$\Delta V_1(\boldsymbol{x}(k)) \leqslant \sum_{r=1}^{g}\delta_1^r\left\{\sum_{l=1}^{\beta_1}\eta_{1l}^2\boldsymbol{x}^{\mathrm{T}}(k)\left[\boldsymbol{A}_{1ll}^{r\ \mathrm{T}}\tilde{\boldsymbol{P}}_1^r\boldsymbol{A}_{1ll}^r-\boldsymbol{P}_1^r\right]\boldsymbol{x}(k)+\right.$$

$$\left.2\sum_{l<s}^{\beta_1}\eta_{1l}\eta_{1s}\boldsymbol{x}^{\mathrm{T}}(k)\left[\boldsymbol{S}_{1ls}^{r\ \mathrm{T}}\tilde{\boldsymbol{P}}_1^r\boldsymbol{S}_{1sl}^r-\boldsymbol{P}_1^r\right]\boldsymbol{x}(k)\right\} \tag{4.17}$$

考虑式（4.8）、式（4.16）和式（4.17），对于任意的 $\boldsymbol{x}(k)\neq\boldsymbol{0}$，$\Delta V_1(\boldsymbol{x}(k))<0$.

同理，当 $\boldsymbol{x}(k)\in\Omega_2\setminus\Omega_1$ 时，有 $\Delta V_2(\boldsymbol{x}(k))<0$，因而系统（4.17）在切换律（4.15）下是渐近稳定的.

注 4.3 定理 4.2 和定理 2.4～定理 2.7 的不同之处在于对第 i 个切换子系统中的模糊子区域划分上. 定理 4.2 的划分方法可以减少求解正定对称矩阵 $\boldsymbol{P}$ 的保守性.

4.3.3 仿真例子

考虑如下离散切换模糊系统：

R_1^l：If $\bar{x}_1(k)$ is M_{11}^l，$\bar{x}_2(k)$ is M_{12}^l，then $\boldsymbol{x}(k+1)=\boldsymbol{A}_{1l}\boldsymbol{x}(k)+\boldsymbol{B}_{1l}u_1(k)$

R_2^l：If $\bar{x}_1(k)$ is M_{21}^l，$\bar{x}_2(k)$ is M_{22}^l，then $\boldsymbol{x}(k+1)=\boldsymbol{A}_{2l}\boldsymbol{x}(k)+\boldsymbol{B}_{2l}u_2(k)$

其中

$$\boldsymbol{A}_{11}=\begin{bmatrix}0.9 & 0.28\\ -0.02 & 0.72\end{bmatrix},\quad \boldsymbol{A}_{12}=\begin{bmatrix}0.89 & 0.19\\ 0.05 & 0.82\end{bmatrix}$$

$$\boldsymbol{A}_{13}=\begin{bmatrix}0.9 & 0.28\\ -0.02 & 0.72\end{bmatrix},\quad \boldsymbol{A}_{14}=\begin{bmatrix}0.89 & 0.19\\ 0.05 & 0.82\end{bmatrix}$$

$$\boldsymbol{A}_{15}=\begin{bmatrix}0.85 & 0.2\\ 0.09 & 0.85\end{bmatrix},\quad \boldsymbol{A}_{16}=\begin{bmatrix}0.84 & 0.15\\ 0.09 & 0.84\end{bmatrix}$$

$$\boldsymbol{A}_{17}=\begin{bmatrix}0.88 & 0.18\\ 0.05 & 0.81\end{bmatrix},\quad \boldsymbol{A}_{18}=\begin{bmatrix}0.7 & -0.2\\ -0.9 & -1\end{bmatrix}$$

$$\boldsymbol{A}_{19}=\begin{bmatrix}0.84 & 0.10\\ 0.11 & 0.84\end{bmatrix},\quad \boldsymbol{A}_{21}=\begin{bmatrix}0.9 & 0.28\\ -0.02 & 0.72\end{bmatrix}$$

$$\boldsymbol{A}_{22}=\begin{bmatrix}0.86 & 0.1\\ 0.11 & 0.84\end{bmatrix},\quad \boldsymbol{A}_{23}=\begin{bmatrix}0.9 & 0.28\\ -0.02 & 0.72\end{bmatrix}$$

$$\boldsymbol{A}_{24}=\begin{bmatrix}0.85 & 0.1\\ 0.11 & 0.85\end{bmatrix},\quad \boldsymbol{A}_{25}=\begin{bmatrix}0.85 & 0.2\\ 0.09 & 0.85\end{bmatrix}$$

$$A_{26}=\begin{bmatrix}0.87 & 0.11\\ 0.21 & 0.88\end{bmatrix},\quad A_{27}=\begin{bmatrix}0.87 & 0.1\\ 0.22 & 0.87\end{bmatrix}$$

$$A_{28}=\begin{bmatrix}-0.7 & 0.3\\ -0.28 & 0\end{bmatrix},\quad A_{29}=\begin{bmatrix}0.9 & 0.28\\ -0.02 & 0.72\end{bmatrix}$$

$$B_{11}=\begin{bmatrix}-0.6\\ 0.6\end{bmatrix},\quad B_{12}=\begin{bmatrix}-0.6\\ 0.2\end{bmatrix}$$

$$B_{13}=\begin{bmatrix}-0.4\\ -0.4\end{bmatrix},\quad B_{14}=\begin{bmatrix}-0.4\\ -0.4\end{bmatrix}$$

$$B_{15}=\begin{bmatrix}-0.6\\ 0.2\end{bmatrix},\quad B_{16}=\begin{bmatrix}-0.5\\ -0.3\end{bmatrix}$$

$$B_{17}=\begin{bmatrix}-0.3\\ -0.4\end{bmatrix},\quad B_{18}=\begin{bmatrix}0\\ 1\end{bmatrix}$$

$$B_{19}=\begin{bmatrix}-0.4\\ 0.6\end{bmatrix},\quad B_{21}=\begin{bmatrix}-0.4\\ -0.3\end{bmatrix}$$

$$B_{22}=\begin{bmatrix}-0.4\\ -0.5\end{bmatrix},\quad B_{23}=\begin{bmatrix}-0.4\\ -0.4\end{bmatrix}$$

$$B_{24}=\begin{bmatrix}-0.4\\ -0.4\end{bmatrix},\quad B_{25}=\begin{bmatrix}-0.6\\ -0.2\end{bmatrix}$$

$$B_{26}=\begin{bmatrix}-0.4\\ -0.5\end{bmatrix},\quad B_{27}=\begin{bmatrix}-0.3\\ -0.8\end{bmatrix}$$

$$B_{28}=\begin{bmatrix}1\\ 0\end{bmatrix},\quad B_{29}=\begin{bmatrix}-0.3\\ 0.8\end{bmatrix}$$

现在可以将第 i 个切换子系统分成四个组：

$$G_{i1}=\{R_i^1,\ R_i^2,\ R_i^4,\ R_i^5\}$$

$$G_{i2}=\{R_i^2,\ R_i^3,\ R_i^5,\ R_i^6\}$$

$$G_{i3}=\{R_i^4,\ R_i^5,\ R_i^7,\ R_i^8\}$$

$$G_{i4}=\{R_i^5,\ R_i^6,\ R_i^8,\ R_i^9\}$$

根据式(4.10)，$\max\limits_{j_i,h_i,w_i}\|(A_{ij_iw_i}^{h_i}-I)\|_\infty<0.4$，$L_i=5$，$\varepsilon_i=4$.

所以，如果 $x(k)$ 在 G_{ih_i} 中，则 $x(k+1)$ 必定在 G_{ih_i} 中或在其相邻组 $\tilde{G}_{ih_i}$ 中，如 $\tilde{G}_{i1}=\{G_{i2},\ G_{i3},\ G_{i4}\}$. 使用 Matlab LMI Toolbox，得到

$$K_{11}=[-0.5\quad -0.2],\qquad K_{12}=[-0.4\quad -0.2]$$

$$K_{13}=[-0.5\quad -0.2],\qquad K_{14}=[-0.4\quad -0.2]$$

$$K_{15}=[-0.2\quad -0.2],\qquad K_{16}=[-0.2\quad -0.2]$$

$$K_{17}=[-0.4\quad -0.2],\qquad K_{18}=[-1\quad -0.9]$$

$$K_{19}=[-0.3\quad -0.2],\qquad K_{21}=[-0.2\quad -0.2]$$

$$K_{22}=[-0.4\quad -0.2],\qquad K_{23}=[-0.3\quad -0.2]$$

$$K_{24}=[-0.3\quad -0.2],\qquad K_{25}=[-0.2\quad -0.4]$$

$$K_{26}=[-0.2\quad -0.2],\qquad K_{27}=[-0.4\quad -0.3]$$

$$K_{28}=[-1\quad -0.9],\qquad K_{29}=[-0.4\quad -0.5]$$

$$P_{11}=\begin{bmatrix}0.2229 & 0.1032\\ 0.1032 & 0.0629\end{bmatrix}$$

$$P_{12}=\begin{bmatrix}0.2101 & 0.0965\\ 0.0965 & 0.05969\end{bmatrix}$$

$$P_{13}=\begin{bmatrix}0.2232 & 0.1035\\ 0.1035 & 0.0624\end{bmatrix}$$

$$P_{14}=\begin{bmatrix}0.2021 & 0.0911\\ 0.0911 & 0.0560\end{bmatrix}$$

$$P_{21}=\begin{bmatrix}0.1167 & 0.0231\\ 0.0231 & 0.0107\end{bmatrix}$$

$$P_{22}=\begin{bmatrix}0.1259 & 0.0256\\ 0.0256 & 0.0112\end{bmatrix}$$

$$P_{23}=\begin{bmatrix}0.1213 & 0.0242\\ 0.0242 & 0.0109\end{bmatrix}$$

$$P_{24}=\begin{bmatrix}0.1213 & 0.0242\\ 0.0242 & 0.0109\end{bmatrix}$$

则系统在切换律(4.15)下是渐近稳定的.

对初始点[1, 1]，采样时间取 $t=0.02$，仿真结果如图 4.7 所示.

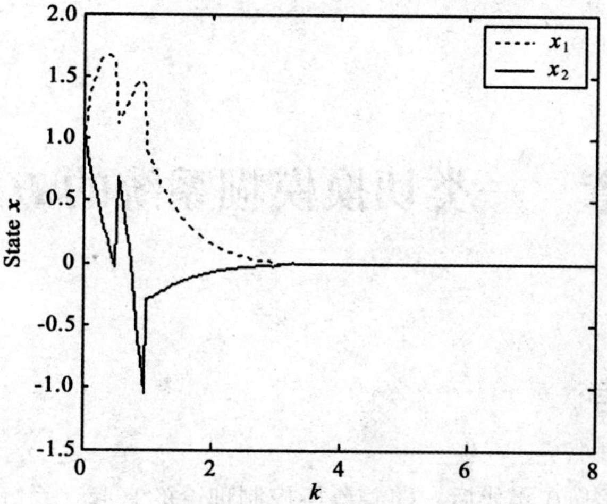

图 4.7　系统的状态响应曲线

4.4 结　论

本章分别研究了连续切换模糊系统和离散切换模糊系统的松弛稳定性问题. 针对连续切换模糊系统，利用多 Lyapunov 函数，考虑每个子模糊系统采用 PDC 控制器时的松弛稳定性条件，在一定程度上克服了当模糊规则数较多时而带来的求解公共矩阵 $\boldsymbol{P}$ 的困难，缩短了系统状态响应时间，提高了系统的性能. 针对离散切换模糊系统，在切换子系统的每个规则组中寻找正定对称矩阵 $\boldsymbol{P}$，也得到了松弛的稳定性条件. 结果表明，利用所得的松弛稳定条件扩大了切换模糊系统的应用范围，一方面为系统实现其他性能要求提供了更多的可能，另一方面为系统控制综合问题的研究提供了新视角.

第5章 一类切换模糊系统的 H_∞ 控制

5.1 引 言

进入20世纪80年代后，随着鲁棒控制理论的兴起，系统具有较强鲁棒性的 H_∞ 优化控制理论应运而生. H_∞ 控制就是在保证系统稳定的同时能将干扰对系统性能的影响抑制在一定的水平之下. 换句话说，就是控制对象关于干扰具有鲁棒性. 在控制能量相同的情况下，H_∞ 控制常常要比古典的最优控制策略 LQG 和 H_2 控制拥有更好的性能. 建立在频域方法上的 H_∞ 优化控制理论是在1981年由加拿大学者 Zames 首先提出的[109]. 之后，它经历了从频域到时域两个发展阶段. 1988年，Glover 和 Doyle 建立了 H_∞ 控制的状态空间方法[110]. 大约同一时间，Khargonekar 等进一步发展了这一方法，这就是著名的 DGKF 论文[111]. 文中将标准的 H_∞ 控制问题归结为两个代数 Riccati 方程的求解问题，这一成果的取得表明 H_∞ 控制理论的发展已进入成熟阶段. 之后，H_∞ 控制的状态空间方法得到了蓬勃发展. 近十年来，H_∞ 控制更是成为热门的研究课题[112-113]. 文献[114-116]把保证 H_∞ 性能指标的充分条件表示为 LMI 条件，为进一步研究 H_∞ 控制问题提供了非常有效的方法. 对于模糊系统的 H_∞ 控制问题也取得了不少研究成果[116-118]. 文献[117-118]在所有状态可测的条件下给出状态反馈控制器的设计方法.

在现有的研究成果中，还没有关于切换模糊系统状态反馈具有 H_∞ 鲁棒控制方面的研究结果报道. 本章将研究这一问题. 本章将模糊系统状态反馈具有 H_∞ 性能指标 γ 的概念推广到切换模糊系统. 基于 LMIs 和 H_∞ 控制理论，利用单 Lyapunov 函数方法，设计状态反馈控制器与切换策略，使闭环切换模糊系统在切换策略下具有 H_∞ 性能指标 γ. 所考虑的切换模糊系统由若干个子系统组成，并且每个子系统都不一定是具有 H_∞ 性能指标 γ 的，最后以凸组合形式给出整个切换模糊系统具有 H_∞ 性能指标 γ 的条件. 在本章研究的切换模糊系统中，输出向量 $z(t)$ 直接受状态和输入的影响.

5.2　预备知识

考虑如下切换模糊系统：

$R^l_{\sigma(t)}$：If ξ_1 is $M^l_{\sigma(t)1}\cdots$and ξ_p is $M^l_{\sigma(t)p}$, then

$$\left.\begin{aligned}&\dot{\boldsymbol{x}}(t)=\boldsymbol{A}_{\sigma(t)l}\boldsymbol{x}(t)+\boldsymbol{B}_{1\sigma(t)l}\boldsymbol{w}_{\sigma(t)}(t)+\boldsymbol{B}_{2\sigma(t)l}\boldsymbol{u}_{\sigma(t)}(t)\\&\boldsymbol{z}(t)=\boldsymbol{C}_{\sigma(t)l}\boldsymbol{x}(t)+\boldsymbol{D}_{\sigma(t)l}\boldsymbol{u}_{\sigma(t)}(t)\quad(l=1,\ 2,\ \cdots,\ N_{\sigma(t)})\end{aligned}\right\}\tag{5.1}$$

其中，分段常值函数 $\sigma=\sigma(t)$：$\{0,\ 1,\ \cdots\}\rightarrow\{1,\ 2,\ \cdots,\ m\}$ 是一个待定的切换信号；$M^l_{\sigma(t)1}$，…，$M^l_{\sigma(t)p}$代表第 σ 个切换子系统中的模糊集；$R^l_{\sigma(t)}$代表第 σ 个切换子系统内的第 l 条模糊规则；$N_{\sigma(t)}$是第 σ 个切换子系统内的模糊规则数，模糊规则的选取是在每个切换子系统内进行的；$\boldsymbol{u}_{\sigma(t)}(t)$表示第 σ 个切换子系统的输入量；$\boldsymbol{x}(t)$是状态变量；$\boldsymbol{A}_{\sigma(t)l}$，$\boldsymbol{B}_{1\sigma(t)l}$，$\boldsymbol{B}_{2\sigma(t)l}$及 $\boldsymbol{C}_{\sigma(t)l}$，$\boldsymbol{D}_{\sigma(t)l}$是第 σ 个切换子系统中的常数矩阵；$\boldsymbol{z}(t)$为系统的受控输出；$\boldsymbol{w}_{\sigma(t)}(t)$是第 σ 个切换子系统的干扰输入；$\boldsymbol{\xi}=[\xi_1\quad\xi_2\quad\cdots\quad\xi_p]$为前件变量，可以是系统的可测量变量或状态变量.

对于第 i 个切换子系统：

R^l_i：If ξ_1 is $M^l_{i1}\cdots$and ξ_p is M^l_{ip}, then

$$\dot{\boldsymbol{x}}(t)=\boldsymbol{A}_{il}\boldsymbol{x}(t)+\boldsymbol{B}_{1il}\boldsymbol{w}_i(t)+\boldsymbol{B}_{2il}u_i(t)$$

$$\boldsymbol{z}(t)=\boldsymbol{C}_{il}\boldsymbol{x}(t)+\boldsymbol{D}_{il}u_i(t)\quad(l=1,\ 2,\ \cdots,\ N_i;\ i=1,\ 2,\ \cdots,\ m)$$

可以得到第 i 个切换子系统的全局模型：

$$\dot{\boldsymbol{x}}(t)=\sum_{l=1}^{N_i}\eta_{il}(\boldsymbol{\xi}(t))[\boldsymbol{A}_{il}\boldsymbol{x}(t)+\boldsymbol{B}_{1il}\boldsymbol{w}_i(t)+\boldsymbol{B}_{2il}u_i(t)]$$

$$\boldsymbol{z}(t)=\sum_{l=1}^{N_i}\eta_{il}(\boldsymbol{\xi}(t))[\boldsymbol{C}_{il}\boldsymbol{x}(t)+\boldsymbol{D}_{il}u_i(t)]\quad(i=1,2,\cdots,m)$$

其中

$$0\leqslant\eta_{il}(\boldsymbol{\xi}(t))\leqslant1,\quad\sum_{l=1}^{N_i}\eta_{il}(\boldsymbol{\xi}(t))=1\tag{5.2}$$

有

$$w_{il}(\boldsymbol{\xi}(t)) = \prod_{\rho=1}^{p} M_{i\rho}^{l}(\xi_\rho(t)), \quad \eta_{il}(\boldsymbol{\xi}(t)) = \frac{w_{il}(\boldsymbol{\xi}(t))}{\sum_{l=1}^{N_i} w_{il}(\boldsymbol{\xi}(t))}$$

其中，$M_{i\rho}^{l}(\xi_\rho(t))$表示第 i 个子系统中 $\xi_\rho(t)$属于模糊集 $M_{i\rho}^{l}$的隶属度.

定义 5.1　对于系统(5.1)，对所设计的控制器 u_i 和给定常数 $\gamma>0$，如果

① 当 $\boldsymbol{w}_i\equiv\boldsymbol{0}$ 时，闭环系统是渐近稳定的；

② 在零初始条件下，满足 $\|\boldsymbol{z}\|_2\leqslant\gamma\|\boldsymbol{w}_i\|_2$，此时称系统(5.1)解决 H_∞ 控制问题. 其中，$\|\boldsymbol{x}(t)\|_2=\left(\int_0^{+\infty}\boldsymbol{x}^{\mathrm{T}}(t)\boldsymbol{x}(t)\,\mathrm{d}t\right)^{\frac{1}{2}}$ 为 L_2 范数.

下面讨论系统(5.1)的 H_∞ 控制问题.

5.3　切换模糊系统的 H_∞ 控制

切换模糊系统(5.1)的 H_∞ 控制问题可表述如下.

给定常数 $\gamma>0$，针对每个切换子系统设计连续状态反馈控制器 $u_i=u_i(\boldsymbol{x})$ 和一个切换律 $i=\sigma(t)$，使得

① 当 $\boldsymbol{w}_i\equiv\boldsymbol{0}$ 时，闭环系统是渐近稳定的；

② 在零初始条件下，输出 z 满足 $\|\boldsymbol{z}\|_2\leqslant\gamma\|\boldsymbol{w}_i\|_2$.

为研究切换模糊系统解决 H_∞ 控制问题，下面给出 H_∞ 控制问题的可解条件和设计方法.

对于每个切换子系统，本书采用常用的 PDC 模糊控制器设计方法，即模糊控制器和系统(5.1)具有相同的模糊推理前件

R_{ic}^{l}：If ξ_1 is $M_{i1}^{l}\cdots$and ξ_p is M_{ip}^{l}, then

$$u_i(t)=\boldsymbol{K}_{il}\boldsymbol{x}(t)\quad(l=1,2,\cdots,N_i;\ i=1,2,\cdots,m)$$

全局控制为

$$u_i(t)=\sum_{l=1}^{N_i}\eta_{il}\boldsymbol{K}_{il}\boldsymbol{x}(t) \tag{5.3}$$

可以得到第 i 个切换子系统的全局模型：

$$\left.\begin{aligned}\dot{\boldsymbol{x}}(t) &= \sum_{l=1}^{N_i}\eta_{il}\sum_{r=1}^{N_i}\eta_{ir}[\boldsymbol{A}_{il}\boldsymbol{x}(t)+\boldsymbol{B}_{1il}\boldsymbol{w}_i+\boldsymbol{B}_{2il}\boldsymbol{K}_{ir}\boldsymbol{x}(t)]\\ \boldsymbol{z}(t) &= \sum_{l=1}^{N_i}\eta_{il}\sum_{r=1}^{N_i}\eta_{ir}(\boldsymbol{C}_{il}+\boldsymbol{D}_{il}\boldsymbol{K}_{ir})\boldsymbol{x}(t)\end{aligned}\right\}\tag{5.4}$$

下面，利用单 Lyapunov 函数方法给出切换律的设计方案，以保证系统(5.4)是渐近稳定的且具有 H_∞ 性能指标 γ.

定理 5.1　给定常数 $\gamma>0$. 若存在一个正定矩阵 $\boldsymbol{P}$ 和常数 $\lambda_{ij_i}>0$，使得

$$\sum_{i=1}^{m}\lambda_{ij_i}\Big[(\boldsymbol{A}_{ij_i}+\boldsymbol{B}_{2ij_i}\boldsymbol{K}_{i\vartheta_i})^{\mathrm{T}}\boldsymbol{P}+\boldsymbol{P}(\boldsymbol{A}_{ij_i}+\boldsymbol{B}_{2ij_i}\boldsymbol{K}_{i\vartheta_i})+\frac{1}{\gamma^2}\boldsymbol{P}\boldsymbol{B}_{1ij_i}\boldsymbol{B}_{1i\vartheta_i}^{\mathrm{T}}\boldsymbol{P}+$$
$$(\boldsymbol{C}_{ij_i}+\boldsymbol{D}_{ij_i}\boldsymbol{K}_{i\vartheta_i})^{\mathrm{T}}(\boldsymbol{C}_{ip_i}+\boldsymbol{D}_{ip_i}\boldsymbol{K}_{iq_i})\Big]<0$$
$$(i=1,2,\cdots,m;j_i,\vartheta_i,p_i,q_i=1,2,\cdots,N_i)\tag{5.5}$$

成立，那么状态反馈控制器(5.3)和下面的切换律解决了 H_∞ 控制问题：

$$\sigma(\boldsymbol{x})=\operatorname{argmin}\Big\{\bar{V}_i(\boldsymbol{x})\triangleq\max_{j_i,\vartheta_i,p_i,q_i}\Big\{\boldsymbol{x}^{\mathrm{T}}\Big[(\boldsymbol{A}_{ij_i}+\boldsymbol{B}_{2ij_i}\boldsymbol{K}_{i\vartheta_i})^{\mathrm{T}}\boldsymbol{P}+\boldsymbol{P}(\boldsymbol{A}_{ij_i}+\boldsymbol{B}_{2ij_i}\boldsymbol{K}_{i\vartheta_i})+$$
$$\frac{1}{\gamma^2}\boldsymbol{P}\boldsymbol{B}_{1ij_i}\boldsymbol{B}_{1i\vartheta_i}^{\mathrm{T}}\boldsymbol{P}+(\boldsymbol{C}_{ij_i}+\boldsymbol{D}_{ij_i}\boldsymbol{K}_{i\vartheta_i})^{\mathrm{T}}(\boldsymbol{C}_{ip_i}+\boldsymbol{D}_{ip_i}\boldsymbol{K}_{iq_i})\Big]\boldsymbol{x}<0,$$
$$j_i,\ \vartheta_i,\ p_i,\ q_i=1,\ 2,\ \cdots,\ N_i\Big\}\Big\}\tag{5.6}$$

证明　由式(5.5)可知，对于任意的 $\boldsymbol{x}(t)\neq\boldsymbol{0}$，有

$$\sum_{i=1}^{m}\lambda_{ij_i}\boldsymbol{x}^{\mathrm{T}}(t)\Big[(\boldsymbol{A}_{ij_i}+\boldsymbol{B}_{2ij_i}\boldsymbol{K}_{i\vartheta_i})^{\mathrm{T}}\boldsymbol{P}+\boldsymbol{P}(\boldsymbol{A}_{ij_i}+\boldsymbol{B}_{2ij_i}\boldsymbol{K}_{i\vartheta_i})+\frac{1}{\gamma^2}\boldsymbol{P}\boldsymbol{B}_{1ij_i}\boldsymbol{B}_{1i\vartheta_i}^{\mathrm{T}}\boldsymbol{P}+$$
$$(\boldsymbol{C}_{ij_i}+\boldsymbol{D}_{ij_i}\boldsymbol{K}_{i\vartheta_i})^{\mathrm{T}}(\boldsymbol{C}_{ip_i}+\boldsymbol{D}_{ip_i}\boldsymbol{K}_{iq_i})\Big]\boldsymbol{x}(t)<0$$
$$(i=1,2,\cdots,m;j_i,\vartheta_i,p_i,q_i=1,2,\cdots,N_i)\tag{5.7}$$

注意到对于任意的 j_i，ϑ_i，p_i，$q_i\in\{1,\ 2,\ \cdots,\ N_i\}$ 和 $\lambda_{ij_i}>0$，式(5.7)都成立. 那么，对于任意的 j_i，ϑ_i，p_i，q_i，至少存在一个 i，使得

$$\boldsymbol{x}^{\mathrm{T}}\Big[(\boldsymbol{A}_{ij_i}+\boldsymbol{B}_{2ij_i}\boldsymbol{K}_{i\vartheta_i})^{\mathrm{T}}\boldsymbol{P}+\boldsymbol{P}(\boldsymbol{A}_{ij_i}+\boldsymbol{B}_{2ij_i}\boldsymbol{K}_{i\vartheta_i})+\frac{1}{\gamma^2}\boldsymbol{P}\boldsymbol{B}_{1ij_i}\boldsymbol{B}_{1i\vartheta_i}^{\mathrm{T}}\boldsymbol{P}+$$
$$(\boldsymbol{C}_{ij_i}+\boldsymbol{D}_{ij_i}\boldsymbol{K}_{i\vartheta_i})^{\mathrm{T}}(\boldsymbol{C}_{ip_i}+\boldsymbol{D}_{ip_i}\boldsymbol{K}_{iq_i})\Big]\boldsymbol{x}<0\tag{5.8}$$

可见，切换规则(5.6)成立.

这里取 Lyapunov 函数为 $V(\boldsymbol{x}(t))=\boldsymbol{x}^{\mathrm{T}}(t)\boldsymbol{P}\boldsymbol{x}(t)$，则

$$\begin{aligned}\dot{V}(\boldsymbol{x}(t)) &= \dot{\boldsymbol{x}}^{\mathrm{T}}(t)\boldsymbol{P}\boldsymbol{x}(t) + \boldsymbol{x}^{\mathrm{T}}(t)\boldsymbol{P}\dot{\boldsymbol{x}}(t) \\ &= \sum_{l=1}^{N_i}\eta_{il}\sum_{r=1}^{N_i}\eta_{ir}[\boldsymbol{A}_{il}\boldsymbol{x}(t) + \boldsymbol{B}_{1il}\boldsymbol{w}_i + \boldsymbol{B}_{2il}\boldsymbol{K}_{ir}\boldsymbol{x}(t)]^{\mathrm{T}}\boldsymbol{P}\boldsymbol{x} + \\ &\quad \sum_{l=1}^{N_i}\eta_{il}\sum_{r=1}^{N_i}\eta_{ir}\boldsymbol{x}^{\mathrm{T}}\boldsymbol{P}[\boldsymbol{A}_{il}\boldsymbol{x}(t) + \boldsymbol{B}_{1il}\boldsymbol{w}_i + \boldsymbol{B}_{2il}\boldsymbol{K}_{ir}\boldsymbol{x}(t)] \\ &= \sum_{l=1}^{N_i}\eta_{il}\sum_{r=1}^{N_i}\eta_{ir}\boldsymbol{x}^{\mathrm{T}}(t)\Big[(\boldsymbol{A}_{il} + \boldsymbol{B}_{2il}\boldsymbol{K}_{ir})^{\mathrm{T}}\boldsymbol{P} + \boldsymbol{P}(\boldsymbol{A}_{il} + \boldsymbol{B}_{2il}\boldsymbol{K}_{ir}) + \\ &\quad \frac{1}{\gamma^2}\boldsymbol{P}\boldsymbol{B}_{1il}\boldsymbol{B}_{1ir}^{\mathrm{T}}\boldsymbol{P} + \sum_{s=1}^{N_i}\eta_{is}\sum_{d=1}^{N_i}\eta_{id}(\boldsymbol{C}_{il} + \boldsymbol{D}_{il}\boldsymbol{K}_{ir})^{\mathrm{T}}(\boldsymbol{C}_{is} + \boldsymbol{D}_{is}\boldsymbol{K}_{id})\Big]\boldsymbol{x}(t) + \\ &\quad \sum_{l=1}^{N_i}\eta_{il}[\boldsymbol{w}_i^{\mathrm{T}}\boldsymbol{B}_{1il}^{\mathrm{T}}\boldsymbol{P}\boldsymbol{x}(t) + \boldsymbol{x}^{\mathrm{T}}(t)\boldsymbol{P}\boldsymbol{B}_{1il}\boldsymbol{w}_i] - \\ &\quad \sum_{l=1}^{N_i}\eta_{il}\sum_{r=1}^{N_i}\eta_{ir}\boldsymbol{x}^{\mathrm{T}}(t)\Big[\frac{1}{\gamma^2}\boldsymbol{P}\boldsymbol{B}_{1il}\boldsymbol{B}_{1ir}^{\mathrm{T}}\boldsymbol{P} + \sum_{s=1}^{N_i}\eta_{is}\sum_{d=1}^{N_i}\eta_{id}(\boldsymbol{C}_{il} + \\ &\quad \boldsymbol{D}_{il}\boldsymbol{K}_{ir})^{\mathrm{T}}(\boldsymbol{C}_{is} + \boldsymbol{D}_{is}\boldsymbol{K}_{id})\Big]\boldsymbol{x}(t) \end{aligned} \tag{5.9}$$

式(5.9)中，由第二项可得

$$\begin{aligned}&\sum_{l=1}^{N_i}\eta_{il}[\boldsymbol{w}_i^{\mathrm{T}}\boldsymbol{B}_{1il}^{\mathrm{T}}\boldsymbol{P}\boldsymbol{x}(t) + \boldsymbol{x}^{\mathrm{T}}(t)\boldsymbol{P}\boldsymbol{B}_{1il}\boldsymbol{w}_i] \\ &\quad = \boldsymbol{w}_i^{\mathrm{T}}\Big[\sum_{l=1}^{N_i}\eta_{il}\boldsymbol{B}_{1il}^{\mathrm{T}}\boldsymbol{P}\boldsymbol{x}(t)\Big] + \Big[\sum_{l=1}^{N_i}\eta_{il}\boldsymbol{B}_{1il}^{\mathrm{T}}\boldsymbol{P}\boldsymbol{x}(t)\Big]^{\mathrm{T}}\boldsymbol{w}_i\end{aligned} \tag{5.10}$$

式(5.9)中，由第三项可得

$$\begin{aligned}&\sum_{l=1}^{N_i}\eta_{il}\sum_{r=1}^{N_i}\eta_{ir}\boldsymbol{x}^{\mathrm{T}}(t)\Big[\frac{1}{\gamma^2}\boldsymbol{P}\boldsymbol{B}_{1il}\boldsymbol{B}_{1ir}^{\mathrm{T}}\boldsymbol{P} + \sum_{s=1}^{N_i}\eta_{is}\sum_{d=1}^{N_i}\eta_{id}(\boldsymbol{C}_{il} + \boldsymbol{D}_{il}\boldsymbol{K}_{ir})^{\mathrm{T}}(\boldsymbol{C}_{is} + \boldsymbol{D}_{is}\boldsymbol{K}_{id})\Big]\boldsymbol{x}(t) \\ &= \Big[\frac{1}{\gamma}\sum_{l=1}^{N_i}\eta_{il}\boldsymbol{B}_{1il}^{\mathrm{T}}\boldsymbol{P}\boldsymbol{x}(t)\Big]^{\mathrm{T}}\Big[\frac{1}{\gamma}\sum_{r=1}^{N_i}\eta_{ir}\boldsymbol{B}_{1ir}^{\mathrm{T}}\boldsymbol{P}\boldsymbol{x}(t)\Big] + \\ &\quad \Big[\sum_{l=1}^{N_i}\eta_{il}\sum_{r=1}^{N_i}\eta_{ir}(\boldsymbol{C}_{il} + \boldsymbol{D}_{il}\boldsymbol{K}_{ir})\boldsymbol{x}(t)\Big]^{\mathrm{T}} \cdot \Big[\sum_{l=1}^{N_i}\eta_{il}\sum_{r=1}^{N_i}\eta_{ir}(\boldsymbol{C}_{il} + \boldsymbol{D}_{il}\boldsymbol{K}_{ir})\boldsymbol{x}(t)\Big]\end{aligned} \tag{5.11}$$

注意到式(5.8)，有

$$\begin{aligned}&\boldsymbol{x}^{\mathrm{T}}(t)[(\boldsymbol{A}_{ij_i} + \boldsymbol{B}_{2ij_i}\boldsymbol{K}_{i\vartheta_i})^{\mathrm{T}}\boldsymbol{P} + \boldsymbol{P}(\boldsymbol{A}_{ij_i} + \boldsymbol{B}_{2ij_i}\boldsymbol{K}_{i\vartheta_i})]\boldsymbol{x}(t) \\ &\quad \leqslant \boldsymbol{x}^{\mathrm{T}}(t)\Big[(\boldsymbol{A}_{ij_i} + \boldsymbol{B}_{2ij_i}\boldsymbol{K}_{i\vartheta_i})^{\mathrm{T}}\boldsymbol{P} + \boldsymbol{P}(\boldsymbol{A}_{ij_i} + \boldsymbol{B}_{2ij_i}\boldsymbol{K}_{i\vartheta_i}) +\end{aligned}$$

$$\frac{1}{\gamma^2}PB_{1ij_i}B_{1i\vartheta_i}^{\mathrm{T}}P+(C_{ij_i}+D_{ij_i}K_{i\vartheta_i})^{\mathrm{T}}(C_{ip_i}+D_{ip_i}K_{iq_i})\Big]x(t)<0$$

$$(j_i,\ \vartheta_i,\ p_i,\ q_i=1,\ 2,\ \cdots,\ N_i) \tag{5.12}$$

当 $w_i=0$ 时，考虑式(5.2)、式(5.9)和式(5.12)，可以得到

$$\dot V(x(t))=\sum_{l=1}^{N_i}\eta_{il}\sum_{r=1}^{N_i}\eta_{ir}x^{\mathrm{T}}(t)[(A_{il}+B_{2il}K_{ir})^{\mathrm{T}}P+P(A_{il}+B_{2il}K_{ir})]x(t)<0$$

那么，闭环系统(5.1)和(5.3)是渐近稳定的.

联立式(5.10)~式(5.12)，得到

$$\dot V(x(t))\leqslant\sum_{l=1}^{N_i}\eta_{il}\sum_{r=1}^{N_i}\eta_{ir}\sum_{s=1}^{N_i}\eta_{is}\sum_{d=1}^{N_i}\eta_{id}x^{\mathrm{T}}(t)Q_{ilrsd}x(t)-z^{\mathrm{T}}z+\gamma^2w_i^{\mathrm{T}}w_i-\Big[\gamma w_i-\frac{1}{\gamma}\sum_{l=1}^{N_i}\eta_{il}B_{1il}^{\mathrm{T}}Px(t)\Big]^{\mathrm{T}}\Big[\gamma w_i-\frac{1}{\gamma}\sum_{l=1}^{N_i}\eta_{il}B_{1il}^{\mathrm{T}}Px(t)\Big] \tag{5.13}$$

其中

$$Q_{ilrsd}=(A_{il}+B_{2il}K_{ir})^{\mathrm{T}}P+P(A_{il}+B_{2il}K_{ir})+\frac{1}{\gamma^2}PB_{1il}B_{1ir}^{\mathrm{T}}P+(C_{il}+D_{il}K_{ir})^{\mathrm{T}}(C_{is}+D_{is}K_{id})$$

现在假设 $x(0)=0$，此时 $V(x(0))=0$. 不等式(5.13)两端同时对 t 从0到 $+\infty$ 积分，有

$$\begin{aligned}\|z(t)\|_2^2&\leqslant\|z(t)\|_2^2-\lambda_{max}\Big(\sum_{l=1}^{N_i}\eta_{il}\sum_{r=1}^{N_i}\eta_{ir}\sum_{s=1}^{N_i}\eta_{is}\sum_{d=1}^{N_i}\eta_{id}Q_{ilrsd}\Big)\|x(t)\|_2^2+\\&\quad V(+\infty)+\gamma^2\Big\|w_i(t)-\frac{1}{\gamma^2}\sum_{l=1}^{N_i}\eta_{il}B_{1il}^{\mathrm{T}}Px\Big\|_2^2\\&\leqslant\gamma^2\|w_i(t)\|_2^2\end{aligned}$$

其中，$\lambda_{\max}\Big(\sum_{l=1}^{N_i}\eta_{il}\sum_{r=1}^{N_i}\eta_{ir}\sum_{s=1}^{N_i}\eta_{is}\sum_{d=1}^{N_i}\eta_{id}Q_{ilrsd}\Big)$表示矩阵$\sum_{l=1}^{N_i}\eta_{il}\sum_{r=1}^{N_i}\eta_{ir}\sum_{s=1}^{N_i}\eta_{is}\sum_{d=1}^{N_i}\eta_{id}Q_{ilrsd}$的最大特征值.

5.4 仿真例子

考虑由例 3.1 给出的基于模糊状态方程设计的房间空气调节系统：

$$\ddot{T}_n = -\left(\frac{1}{T_1} + \frac{1}{T_2}\right)\dot{T}_n - \frac{1}{T_1 T_2}T_n + \frac{k_1 k_2}{T_1 T_2}u$$

其中各量的物理意义参见例 3.1.

考虑系统 H_∞ 控制问题，经坐标变换将其转化为以原点为平衡点的系统. 考虑此空气调节系统要求的精度较高，即在短时间内达到一定的设定温度，设计冗余电路，将系统的模糊模型转化为如下的切换模糊模型：

R_1^1：If x_1 is P_{11}^1，then $\dot{\boldsymbol{x}} = \boldsymbol{A}_{11}\boldsymbol{x} + \boldsymbol{B}_{111}w_1 + \boldsymbol{B}_{211}u_1$，$z = \boldsymbol{C}_{11}\boldsymbol{x} + \boldsymbol{D}_{11}u_1$

R_1^2：If x_1 is N_{11}^2，then $\dot{\boldsymbol{x}} = \boldsymbol{A}_{12}\boldsymbol{x} + \boldsymbol{B}_{112}w_1 + \boldsymbol{B}_{212}u_1$，$z = \boldsymbol{C}_{12}\boldsymbol{x} + \boldsymbol{D}_{12}u_1$

R_2^1：If x_1 is P_{21}^1，then $\dot{\boldsymbol{x}} = \boldsymbol{A}_{21}\boldsymbol{x} + \boldsymbol{B}_{121}w_2 + \boldsymbol{B}_{221}u_2$，$z = \boldsymbol{C}_{21}\boldsymbol{x} + \boldsymbol{D}_{21}u_2$

R_2^2：If x_1 is N_{21}^2，then $\dot{\boldsymbol{x}} = \boldsymbol{A}_{22}\boldsymbol{x} + \boldsymbol{B}_{122}w_2 + \boldsymbol{B}_{222}u_2$，$z = \boldsymbol{C}_{22}\boldsymbol{x} + \boldsymbol{D}_{22}u_2$

其中

$$\boldsymbol{A}_{11} = \begin{bmatrix} -0.5 & 4 \\ -0.943 & -1.0493 \end{bmatrix},\quad \boldsymbol{A}_{12} = \begin{bmatrix} -0.5 & 3 \\ -0.132 & -0.4529 \end{bmatrix}$$

$$\boldsymbol{A}_{21} = \begin{bmatrix} 1 & 2 \\ -0.2941 & -1.4321 \end{bmatrix},\quad \boldsymbol{A}_{22} = \begin{bmatrix} 1 & 2 \\ -0.4706 & -0.7535 \end{bmatrix}$$

$$\boldsymbol{B}_{111} = \begin{bmatrix} 0 \\ 1 \end{bmatrix},\quad \boldsymbol{B}_{112} = \begin{bmatrix} 0 \\ 1 \end{bmatrix}$$

$$\boldsymbol{B}_{211} = \begin{bmatrix} 0 \\ 0.4926 \end{bmatrix},\quad \boldsymbol{B}_{212} = \begin{bmatrix} 0 \\ 0.1316 \end{bmatrix}$$

$$\boldsymbol{B}_{121} = \begin{bmatrix} 0 \\ 1 \end{bmatrix},\quad \boldsymbol{B}_{122} = \begin{bmatrix} 0 \\ 1 \end{bmatrix}$$

$$\boldsymbol{B}_{221} = \begin{bmatrix} 0 \\ 0.5765 \end{bmatrix},\quad \boldsymbol{B}_{222} = \begin{bmatrix} 0 \\ 0.1765 \end{bmatrix}$$

$$\boldsymbol{C}_{11} = [1\quad 1],\quad \boldsymbol{C}_{12} = [1\quad 1]$$

$$\boldsymbol{C}_{21} = [1\quad 0],\quad \boldsymbol{C}_{22} = [1\quad 0]$$

$$\boldsymbol{D}_{11} = [0.03],\quad \boldsymbol{D}_{12} = [0.03]$$

$D_{21} = [0.04]$,　$D_{22} = [0.04]$

隶属度函数为

$$\mu_{P_{11}^1}(x_1) = \mu_{P_{21}^1}(x_1) = 1 - \frac{1}{1 + e^{-2x_1}}$$

$$\mu_{N_{11}^2}(x_1) = \mu_{N_{21}^2}(x_1) = \frac{1}{1 + e^{-2x_1}}$$

取 $\gamma = 1$，选择 $u_i(t) = \sum_{l=1}^{N_i} \eta_{il} K_{il} x(t)\ (i = 1,2)$.

对于定理 5.1 中的不等式(5.5)，有

$$\sum_{i=1}^{2} \lambda_{ij_i} \Big[(A_{ij_i} + B_{2ij_i} K_{i\vartheta_i})^{\mathrm{T}} P + P(A_{ij_i} + B_{2ij_i} K_{i\vartheta_i}) + \frac{1}{\gamma^2} P B_{1ij_i} B_{1i\vartheta_i}^{\mathrm{T}} P + (C_{ij_i} + D_{ij_i} K_{i\vartheta_i})^{\mathrm{T}} (C_{ip_i} + D_{ip_i} K_{iq_i}) \Big] < 0$$

$$(i = 1,2; j_i, \vartheta_i, p_i, q_i = 1,2,\cdots,N_i) \tag{5.14}$$

令 $\lambda_{ij_i} = 1$，根据 Schur 补引理，矩阵不等式(5.14)可以转化成 LMI 形式. 利用 LMI Toolbox，可得系统的矩阵为

$$K_{11} = [-0.131 \quad -0.1148]$$

$$K_{12} = [-0.0623 \quad -2.302]$$

$$K_{21} = [-4.4991 \quad -2.4986]$$

$$K_{22} = [-5.4991 \quad -3.4986]$$

$$P = \begin{bmatrix} 0.0937 & 0.2146 \\ 0.2146 & 0.6417 \end{bmatrix}$$

设计如下的系统切换律：

$$\sigma(x) = \arg\min \Big\{ \bar{V}_i(x) \triangleq \max_{j_i,\vartheta_i,p_i,q_i} \Big\{ x^{\mathrm{T}} \Big[(A_{ij_i} + B_{2ij_i} K_{i\vartheta_i})^{\mathrm{T}} P + P(A_{ij_i} + B_{2ij_i} K_{i\vartheta_i}) + \frac{1}{\gamma^2} P B_{1ij_i} B_{1i\vartheta_i}^{\mathrm{T}} P + (C_{ij_i} + D_{ij_i} K_{i\vartheta_i})^{\mathrm{T}} (C_{ip_i} + D_{ip_i} K_{iq_i}) \Big] x < 0,\ j_i,\ \vartheta_i,\ p_i,\ q_i = 1,\ 2 \Big\} \Big\}$$

利用 Matlab 仿真，对于初始点 $[-3 \quad 3]^{\mathrm{T}}$，仿真结果如图 5.1 所示.

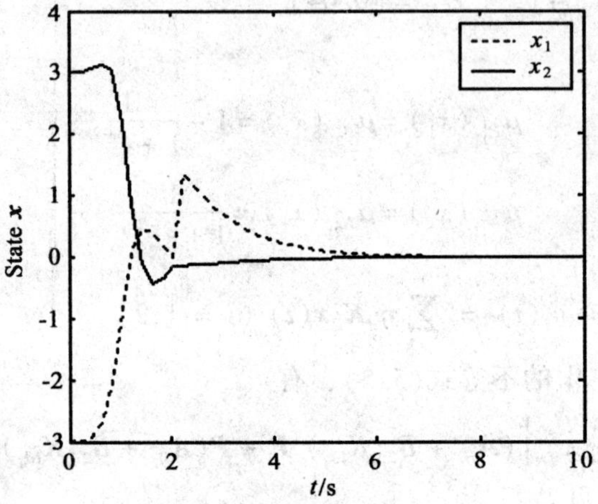

图 5.1　根据定理 5.1 得到的温度变化仿真图

所以，在 $\gamma=1$ 时，系统(5.1)状态反馈 H_∞ 鲁棒控制问题得到解决.

5.5 结　论

本章考虑了切换模糊系统的 H_∞ 鲁棒控制问题. 基于切换策略，设计了系统的控制器和能够实现 H_∞ 控制的切换律，且切换律是依赖于状态形式给出的. 本章给出了切换模糊系统状态反馈 H_∞ 鲁棒控制问题可解的充分条件，并可利用变量代换将其转化为线性矩阵不等式 LMI 的形式. 由房间空气调节系统的仿真实例结果验证了所提设计方法的有效性.

第 6 章 一类不确定切换模糊系统的鲁棒控制

6.1 引 言

不确定性在工程中是普遍存在的，如模型参数中所包含的各种摩擦系数、质量、转动惯量等参数的测量误差，元器件的老化或非正常工作等因素引起的变化都能导致系统不确定性的产生，而这类不确定性可用系统状态空间模型中参数的摄动来描述. 由于不确定性的存在，系统的鲁棒稳定性问题成为人们关注的焦点.

控制系统能够正常运行，首先要求在系统的平衡点附近是稳定的，因此受控系统的镇定问题也是控制理论中重要的问题之一. 状态反馈镇定是系统镇定常用的一种方法. 对于一般系统的鲁棒状态反馈镇定问题，已经取得了许多结果，如文献[119-125]. 由于切换系统自身所具有的一些特殊性质，在设计系统状态反馈的同时，还要重点考虑切换策略的选取. 如果切换策略选取不适当，即使状态反馈能够镇定每个子系统，也不能保证切换系统是稳定的，从而使得对于切换系统的鲁棒性镇定的研究变得相当复杂. 在现有的结果中，大部分是针对一些自治切换系统的，如文献[126]研究了一类线性切换系统的稳定性，但是该文中的子系统是不具有输入的自治子系统. 文献[127]讨论了一类具有扰动的非线性切换系统的稳定性，得到了稳定性条件和设计方法. 文献[128]考虑了一类标称系统存在共同 Lyapunov 函数的不确定线性切换系统的鲁棒控制器设计问题. 对于含有不确定性的切换系统鲁棒性的研究结果还相当有限.

模糊系统本身是非线性和智能性的，由于辨识和建模过程基于特定的方法，并基于预先确定的结构和有限的采样数据，因此必然存在建模不确定性.

另外，由于实际系统固有的某些特性不能在模糊模型中反映，因此模糊模型必然存在某些未知的不确定性．因此，研究模糊不确定性系统的鲁棒稳定和鲁棒控制也是十分必要的．文献[129-131]研究了模糊系统的鲁棒稳定性问题，文献[129]将系统的非线性作为不确定性进行了研究，文献[130-131]还研究了模糊系统存在前件参数和后件参数的不确定性时的鲁棒控制问题．这些方法对某些类型的模糊非线性是适用的．近年来，文献[132]研究了模糊 Lyapunov 函数，提出了一种新的反馈着隶属度函数时间导数信息的平行分布补偿(PDC)方案，扩展了传统的 PDC 策略．在文献[133]中，针对不确定 T-S 模糊模型，提出了一种基于模糊模型的静态切换输出反馈控制器设计算法，并使用 LMI 给出了可解条件．

目前，对于含有不确定性的切换系统鲁棒性的研究结果还相当有限，有关切换模糊系统鲁棒控制问题的文献更是很少．本章分别对一类不确定切换模糊系统的鲁棒控制问题和一类带有扰动的不确定切换模糊系统的鲁棒控制器设计问题进行了研究．首先，针对不确定切换模糊系统，采用了传统的平行分布补偿(PDC)控制器的设计方案，并给出了切换律的设计方案，使得在这个切换律下，整个系统保持鲁棒稳定．然后，考虑带有扰动的不确定切换模糊系统，提出了一种鲁棒切换状态反馈控制器设计的新方法．根据单 Lyapunov 函数技术，得到了鲁棒控制器设计的一个充分条件．所设计的新型控制器，与传统的 PDC 控制器相比，可以大大改善系统的响应性能，同时避免了求解状态反馈增益的烦琐过程．它为系统构造依赖于状态反馈控制器问题的研究提供了一个新视角．

6.2　切换模糊系统的鲁棒控制

6.2.1　系统的描述和预备知识

考虑由以下 $N_{\sigma(t)}$ 条规则构成的连续 T-S 模糊模型描述的不确定性非线性系统：

$R^l_{\sigma(t)}$：If ξ_1 is $M^l_{\sigma(t)1}$ $\cdots$and ξ_p is $M^l_{\sigma(t)p}$，then

$$\dot{\boldsymbol{x}} = (\boldsymbol{A}_{\sigma(t)l} + \Delta\boldsymbol{A}_{\sigma(t)l})\boldsymbol{x}(t) + (\boldsymbol{B}_{\sigma(t)l} + \Delta\boldsymbol{B}_{\sigma(t)l})\boldsymbol{u}_{\sigma(t)}(t)$$
$$(l=1,\ 2,\ \cdots,\ N_{\sigma(t)}) \tag{6.1}$$

其中，分段常值函数 σ：$\mathbf{R}_+ \to M = \{1,\ 2,\ \cdots,\ m\}$是一个切换信号；$R^l_{\sigma(t)}$代表第 l 条模糊规则；$N_{\sigma(t)}$是模糊规则数；$\boldsymbol{u}(t)$是系统的控制输入向量；$\boldsymbol{x}(t)$是状态变量，$\boldsymbol{x}(t) = [x_1(t)\quad x_2(t)\quad \cdots\quad x_n(t)]^{\mathrm{T}} \in \mathbf{R}^n$；$\boldsymbol{f}_{\sigma(t)}$是外部干扰；$\boldsymbol{A}_{\sigma(t)l}$，$\boldsymbol{B}_{\sigma(t)l}$为已知的具有适当维数的常数矩阵；$\Delta\boldsymbol{A}_{\sigma(t)l}$，$\Delta\boldsymbol{B}_{\sigma(t)l}$是矩阵函数，代表系统中时变不确定参数；$\boldsymbol{\xi} = [\xi_1\quad \xi_2\quad \cdots\quad \xi_p]$为前件变量，可以是系统的可测量变量或状态变量.

对于第 i 个子模糊系统：

R^l_i：If ξ_1 is $M^l_{i1}\cdots$and ξ_p is M^l_{ip}，then

$$\dot{\boldsymbol{x}} = (\boldsymbol{A}_{il} + \Delta\boldsymbol{A}_{il})\boldsymbol{x}(t) + (\boldsymbol{B}_{il} + \Delta\boldsymbol{B}_{il})u_i(t)\quad (l=1,\ 2,\ \cdots,\ N_i;\ i=1,\ 2,\ \cdots,\ m)$$

可以得到第 i 个子模糊系统的全局模型：

$$\dot{\boldsymbol{x}} = \sum_{l=1}^{N_i} \eta_{il}(\boldsymbol{\xi}(t))[(\boldsymbol{A}_{il} + \Delta\boldsymbol{A}_{il})\boldsymbol{x}(t) + (\boldsymbol{B}_{il} + \Delta\boldsymbol{B}_{il})u_i(t)]$$

其中

$$0 \leqslant \eta_{il}(\boldsymbol{\xi}(t)) \leqslant 1,\quad \sum_{l=1}^{N_i} \eta_{il}(\boldsymbol{\xi}(t)) = 1 \tag{6.2}$$

有

$$w_{il}(\boldsymbol{\xi}(t)) = \prod_{\rho=1}^{p} M^l_{i\rho}(\xi_\rho(t)),\quad \eta_{il}(\boldsymbol{\xi}(t)) = \frac{w_{il}(\boldsymbol{\xi}(t))}{\sum_{l=1}^{N_i} w_{il}(\boldsymbol{\xi}(t))}$$

其中，$M^l_{i\rho}(\xi_\rho(t))$表示$\xi_\rho(t)$属于模糊集$M^l_{i\rho}$的隶属度.

关于系统(6.1)，作如下假设.

假设 6.1　所考虑的不确定参数是范数有界的且具有如下形式：

$$[\Delta\boldsymbol{A}_{il}\quad \Delta\boldsymbol{B}_{il}] = \boldsymbol{D}_{il}\boldsymbol{F}_{il}(t)[\boldsymbol{E}_{il1}\quad \boldsymbol{E}_{il2}]\quad (l=1,\ 2,\ \cdots,\ N_i;\ i=1,\ 2,\ \cdots,\ m)$$

其中，$\boldsymbol{D}_{il}$和$\boldsymbol{E}_{il1}$，$\boldsymbol{E}_{il2}$是具有适当维数的已知常数实矩阵；$\boldsymbol{F}_{il}(t)$是具有 Lebegue 可测元的未知时变矩阵，且满足

$$\boldsymbol{F}^{\mathrm{T}}_{il}(t)\boldsymbol{F}_{il}(t) \leqslant \boldsymbol{I}\quad (l=1,\ 2,\ \cdots,\ N_i;\ i=1,\ 2,\ \cdots,\ m)$$

引理 6.1　设 $\boldsymbol{X}$ 和 $\boldsymbol{Y}$ 是具有适当维数的实矩阵，对任意的常数 $\varepsilon > 0$，下面的不等式成立：

$$X^{\mathrm{T}}Y+Y^{\mathrm{T}}X\leqslant\varepsilon X^{\mathrm{T}}X+\frac{1}{\varepsilon}Y^{\mathrm{T}}Y$$

6.2.2 状态反馈鲁棒镇定

本节的目的是设计连续控制器和一条切换律 $\sigma:\mathbf{R}_{+}\to M=\{1,2,\cdots,m\}$，在这条切换律下，考虑切换模糊系统(6.1)的镇定问题.

对于每个子模糊系统，本章采用常用的 PDC 模糊控制器设计方法，即模糊控制器和系统(6.1)具有相同的模糊推理前件.

R_{ic}^{l}：If ξ_1 is $M_{i1}^{l}\cdots$and ξ_p is M_{ip}^{l}，then

$$u_i(t)=\boldsymbol{K}_{il}\boldsymbol{x}(t)\quad(l=1,2,\cdots,N_i;\ i=1,2,\cdots,m)$$

全局控制为

$$u_i(t)=\sum_{l=1}^{N_i}\eta_{il}\boldsymbol{K}_{il}\boldsymbol{x}(t)\tag{6.3}$$

可以得到第 i 个子模糊系统的全局模型：

$$\dot{\boldsymbol{x}}=\sum_{l=1}^{N_i}\eta_{il}(t)\sum_{r=1}^{N_i}\eta_{ir}(t)\{\boldsymbol{A}_{il}+\Delta\boldsymbol{A}_{il}(t)+[\boldsymbol{B}_{il}+\Delta\boldsymbol{B}_{il}(t)]\boldsymbol{K}_{ir}\}\boldsymbol{x}(t)$$

下面的定理给出了系统（6.1）鲁棒镇定问题可解的一个条件，并给出切换律的设计方法.

定理 6.1 假设存在正定矩阵 $\boldsymbol{P}$ 和常数 $\lambda_{ij_i}\geqslant 0$，使得

$$\sum_{i=1}^{N_i}\lambda_{ij_i}[\boldsymbol{H}_{ij_i\vartheta_i}^{\mathrm{T}}\boldsymbol{P}+\boldsymbol{P}\boldsymbol{H}_{ij_i\vartheta_i}+2\boldsymbol{P}\boldsymbol{D}_{ij_i}\boldsymbol{D}_{ij_i}^{\mathrm{T}}\boldsymbol{P}+\boldsymbol{E}_{ij_i1}^{\mathrm{T}}\boldsymbol{E}_{ij_i1}+\boldsymbol{K}_{i\vartheta_i}^{\mathrm{T}}\boldsymbol{E}_{ij_i2}^{\mathrm{T}}\boldsymbol{E}_{ij_i2}\boldsymbol{K}_{i\vartheta_i}]<0$$
$$(i=1,2,\cdots,m;\ j_i,\vartheta_i=1,2,\cdots,N_i)\tag{6.4}$$

成立，其中 $\boldsymbol{H}_{ij_i\vartheta_i}=\boldsymbol{A}_{ij_i}+\boldsymbol{B}_{ij_i}\boldsymbol{K}_{i\vartheta_i}$，那么系统(6.1)在如下切换律下经状态反馈(6.3)可镇定.

$$\sigma(\boldsymbol{x})=\arg\min\{\bar{V}_i(\boldsymbol{x})\triangleq\max_{j_i,\vartheta_i}\{\boldsymbol{x}^{\mathrm{T}}[\boldsymbol{H}_{ij_i\vartheta_i}^{\mathrm{T}}\boldsymbol{P}+\boldsymbol{P}\boldsymbol{H}_{ij_i\vartheta_i}+2\boldsymbol{P}\boldsymbol{D}_{ij_i}\boldsymbol{D}_{ij_i}^{\mathrm{T}}\boldsymbol{P}+\boldsymbol{E}_{ij_i1}^{\mathrm{T}}\boldsymbol{E}_{ij_i1}+$$
$$\boldsymbol{K}_{i\vartheta_i}^{\mathrm{T}}\boldsymbol{E}_{ij_i2}^{\mathrm{T}}\boldsymbol{E}_{ij_i2}\boldsymbol{K}_{i\vartheta_i}]\boldsymbol{x}<0,\ j_i,\vartheta_i=1,2,\cdots,N_i\}\}\tag{6.5}$$

证明 由式(6.4)可知，对于任意的 $\boldsymbol{x}(t)\neq\boldsymbol{0}$ 及 $i=1,2,\cdots,m$；j_i，$\vartheta_i=1,2,\cdots,N_i$，有

$$\sum_{i=1}^{N_i}\lambda_{ij_i}\boldsymbol{x}^{\mathrm{T}}(t)[\boldsymbol{H}_{ij_i\vartheta_i}^{\mathrm{T}}\boldsymbol{P}+\boldsymbol{P}\boldsymbol{H}_{ij_i\vartheta_i}+2\boldsymbol{P}\boldsymbol{D}_{ij_i}\boldsymbol{D}_{ij_i}^{\mathrm{T}}\boldsymbol{P}+\boldsymbol{E}_{ij_i1}^{\mathrm{T}}\boldsymbol{E}_{ij_i1}+\boldsymbol{K}_{i\vartheta_i}^{\mathrm{T}}\boldsymbol{E}_{ij_i2}^{\mathrm{T}}\boldsymbol{E}_{ij_i2}\boldsymbol{K}_{i\vartheta_i}]\boldsymbol{x}(t)<0\tag{6.6}$$

注意到对于任意的 j_i，$\vartheta_i \in \{1, 2, \cdots, N_i\}$ 和 $\lambda_{ij_i} \geqslant 0$，式(6.6)都成立. 那么，对于 $\forall j_i$，至少存在一个 i，使得

$$\boldsymbol{x}^{\mathrm{T}}(t)[\boldsymbol{H}_{ij_i\vartheta_i}^{\mathrm{T}}\boldsymbol{P} + \boldsymbol{P}\boldsymbol{H}_{ij_i\vartheta_i} + 2\boldsymbol{P}\boldsymbol{D}_{ij_i}\boldsymbol{D}_{ij_i}^{\mathrm{T}}\boldsymbol{P} + \boldsymbol{E}_{ij_i1}^{\mathrm{T}}\boldsymbol{E}_{ij_i1} + \boldsymbol{K}_{i\vartheta_i}^{\mathrm{T}}\boldsymbol{E}_{ij_i2}^{\mathrm{T}}\boldsymbol{E}_{ij_i2}\boldsymbol{K}_{i\vartheta_i}]\boldsymbol{x}(t) < 0$$

可见切换规则(6.5)完全确定.

取 Lyapunov 函数为 $V(t) = \boldsymbol{x}^{\mathrm{T}}(t)\boldsymbol{P}\boldsymbol{x}(t)$，则

$$\begin{aligned}
\dot{V}(t) &= \dot{\boldsymbol{x}}^{\mathrm{T}}(t)\boldsymbol{P}\boldsymbol{x}(t) + \boldsymbol{x}^{\mathrm{T}}(t)\boldsymbol{P}\dot{\boldsymbol{x}}(t) \\
&= \boldsymbol{x}^{\mathrm{T}}(t)\Big\{\Big[\sum_{l=1}^{N_i}\sum_{r=1}^{N_i}\eta_{il}\eta_{ir}(\boldsymbol{A}_{il} + \Delta\boldsymbol{A}_{il} + (\boldsymbol{B}_{il} + \Delta\boldsymbol{B}_{il})\boldsymbol{K}_{ir})^{\mathrm{T}}\Big]\boldsymbol{P} + \\
&\quad \boldsymbol{P}\Big[\sum_{l=1}^{N_i}\sum_{r=1}^{N_i}\eta_{il}\eta_{ir}(\boldsymbol{A}_{il} + \Delta\boldsymbol{A}_{il} + (\boldsymbol{B}_{il} + \Delta\boldsymbol{B}_{il})\boldsymbol{K}_{ir})\Big]\Big\}\boldsymbol{x}(t) \\
&= \sum_{l=1}^{N_i}\sum_{r=1}^{N_i}\eta_{il}\eta_{ir}\boldsymbol{x}^{\mathrm{T}}(t)\{[(\boldsymbol{A}_{il} + \boldsymbol{B}_{il}\boldsymbol{K}_{ir}) + (\Delta\boldsymbol{A}_{il} + \Delta\boldsymbol{B}_{il}\boldsymbol{K}_{ir})]^{\mathrm{T}}\boldsymbol{P} + \\
&\quad \boldsymbol{P}[(\boldsymbol{A}_{il} + \boldsymbol{B}_{il}\boldsymbol{K}_{ir}) + (\Delta\boldsymbol{A}_{il} + \Delta\boldsymbol{B}_{il}\boldsymbol{K}_{ir})]\}\boldsymbol{x}(t)
\end{aligned} \tag{6.7}$$

将

$$[\Delta\boldsymbol{A}_{il}\quad \Delta\boldsymbol{B}_{il}] = \boldsymbol{D}_{il}\boldsymbol{F}_{il}(t)[\boldsymbol{E}_{il1}\quad \boldsymbol{E}_{il2}]$$

代入式(6.7)，且令

$$\boldsymbol{H}_{ilr} = \boldsymbol{A}_{il} + \boldsymbol{B}_{il}\boldsymbol{K}_{ir}$$

考虑引理 6.1，可得

$$\begin{aligned}
\dot{V}(t) &= \sum_{l=1}^{N_i}\sum_{r=1}^{N_i}\eta_{il}\eta_{ir}\boldsymbol{x}^{\mathrm{T}}(t)\{(\boldsymbol{H}_{ilr}^{\mathrm{T}}\boldsymbol{P} + \boldsymbol{P}\boldsymbol{H}_{ilr}) + [(\boldsymbol{D}_{il}\boldsymbol{F}_{il}\boldsymbol{E}_{il1})^{\mathrm{T}}\boldsymbol{P} + \boldsymbol{P}(\boldsymbol{D}_{il}\boldsymbol{F}_{il}\boldsymbol{E}_{il1}) \\
&\quad + (\boldsymbol{D}_{il}\boldsymbol{F}_{il}\boldsymbol{E}_{il2}K_{ir})T\boldsymbol{P} + \boldsymbol{P}(\boldsymbol{D}_{il}\boldsymbol{F}_{il}\boldsymbol{E}_{il2}K_{ir})]\}\boldsymbol{x}(t) \\
&= \sum_{l=1}^{N_i}\sum_{r=1}^{N_i}\eta_{il}\eta_{ir}\boldsymbol{x}^{\mathrm{T}}(t)\{(\boldsymbol{H}_{ilr}^{\mathrm{T}}\boldsymbol{P} + \boldsymbol{P}\boldsymbol{H}_{ilr}) + [(\boldsymbol{E}_{il1}^{\mathrm{T}}\boldsymbol{F}_{il}^{\mathrm{T}}\boldsymbol{D}_{il}^{\mathrm{T}}\boldsymbol{P} + \boldsymbol{P}\boldsymbol{D}_{il}\boldsymbol{F}_{il}\boldsymbol{E}_{il1}) + \\
&\quad (\boldsymbol{K}_{ir}^{\mathrm{T}}\boldsymbol{E}_{il2}^{\mathrm{T}}\boldsymbol{F}_{il}^{\mathrm{T}}\boldsymbol{D}_{il}^{\mathrm{T}}\boldsymbol{P} + \boldsymbol{P}\boldsymbol{D}_{il}\boldsymbol{F}_{il}\boldsymbol{E}_{il2}\boldsymbol{K}_{ir})]\}\boldsymbol{x}(t) \\
&\leqslant \sum_{l=1}^{N_i}\sum_{r=1}^{N_i}\eta_{il}\eta_{ir}\boldsymbol{x}^{\mathrm{T}}(t)\{(\boldsymbol{H}_{ilr}^{\mathrm{T}}\boldsymbol{P} + \boldsymbol{P}\boldsymbol{H}_{ilr}) + [(\boldsymbol{P}\boldsymbol{D}_{il}\boldsymbol{D}_{il}^{\mathrm{T}}\boldsymbol{P} + \boldsymbol{E}_{il1}^{\mathrm{T}}\boldsymbol{E}_{il1}) + \\
&\quad (\boldsymbol{P}\boldsymbol{D}_{il}\boldsymbol{D}_{il}^{\mathrm{T}}\boldsymbol{P} + \boldsymbol{K}_{ir}^{\mathrm{T}}\boldsymbol{E}_{il2}^{\mathrm{T}}\boldsymbol{E}_{il2}\boldsymbol{K}_{ir})]\}\boldsymbol{x}(t) \\
&= \sum_{l=1}^{N_i}\sum_{r=1}^{N_i}\eta_{il}\eta_{ir}\boldsymbol{x}^{\mathrm{T}}(t)\{(\boldsymbol{H}_{ilr}^{\mathrm{T}}\boldsymbol{P} + \boldsymbol{P}\boldsymbol{H}_{ilr}) + [2\boldsymbol{P}\boldsymbol{D}_{il}\boldsymbol{D}_{il}^{\mathrm{T}}\boldsymbol{P} + \boldsymbol{E}_{il1}^{\mathrm{T}}\boldsymbol{E}_{il1} + \\
&\quad \boldsymbol{K}_{ir}^{\mathrm{T}}\boldsymbol{E}_{il2}^{\mathrm{T}}\boldsymbol{E}_{il2}\boldsymbol{K}_{ir}]\}\boldsymbol{x}(t)
\end{aligned}$$

考虑到式(6.2)和式(6.6)，可得到 $\dot{V}(t) < 0$，所以系统(6.1)在切换律

(6.5)下，都可以经状态反馈(6.3)镇定.

6.2.3　仿真例子

在本小节，由一个例子来说明本章的主要结果.

考虑连续切换模糊系统：

R_1^1：If $\boldsymbol{x}$ is Ω_{11}^1，then $\dot{\boldsymbol{x}}(t)=(\boldsymbol{A}_{11}+\Delta\boldsymbol{A}_{11})\boldsymbol{x}+(\boldsymbol{B}_{11}+\Delta\boldsymbol{B}_{11})u_1$

R_1^2：If $\boldsymbol{x}$ is Ω_{11}^2，then $\dot{\boldsymbol{x}}(t)=(\boldsymbol{A}_{12}+\Delta\boldsymbol{A}_{12})\boldsymbol{x}+(\boldsymbol{B}_{12}+\Delta\boldsymbol{B}_{12})u_1$

R_2^1：If $\boldsymbol{x}$ is Ω_{21}^1，then $\dot{\boldsymbol{x}}(t)=(\boldsymbol{A}_{21}+\Delta\boldsymbol{A}_{21})\boldsymbol{x}+(\boldsymbol{B}_{21}+\Delta\boldsymbol{B}_{21})u_2$

R_2^2：If $\boldsymbol{x}$ is Ω_{21}^2，then $\dot{\boldsymbol{x}}(t)=(\boldsymbol{A}_{22}+\Delta\boldsymbol{A}_{22})\boldsymbol{x}+(\boldsymbol{B}_{22}+\Delta\boldsymbol{B}_{22})u_2$

其中

$$\boldsymbol{A}_{11}=\begin{bmatrix}-10 & 0.01\\ -9.3 & -1.0493\end{bmatrix},\quad \boldsymbol{B}_{11}=\begin{bmatrix}0\\1\end{bmatrix}$$

$$\boldsymbol{A}_{12}=\begin{bmatrix}0 & 0.1\\ -32 & -4.529\end{bmatrix},\quad \boldsymbol{B}_{12}=\begin{bmatrix}0\\1\end{bmatrix}$$

$$\boldsymbol{A}_{21}=\begin{bmatrix}-10 & 0.1\\ 10 & -0.1\end{bmatrix},\quad \boldsymbol{B}_{21}=\begin{bmatrix}0\\1\end{bmatrix}$$

$$\boldsymbol{A}_{22}=\begin{bmatrix}0 & 0.8\\ -8 & -0.9\end{bmatrix},\quad \boldsymbol{B}_{22}=\begin{bmatrix}0\\1\end{bmatrix}$$

$$\boldsymbol{D}_{11}=\boldsymbol{D}_{12}=\begin{bmatrix}-0.1125 & 1\\ 1 & 0\end{bmatrix},\quad \boldsymbol{D}_{21}=\boldsymbol{D}_{22}=\begin{bmatrix}0.01 & 1\\ 1 & 0\end{bmatrix}$$

$$\boldsymbol{E}_{111}=\boldsymbol{E}_{121}=\begin{bmatrix}1 & 0.2\\ 0 & 0\end{bmatrix},\quad \boldsymbol{E}_{211}=\boldsymbol{E}_{221}=\begin{bmatrix}0.5 & 1\\ 0 & 0\end{bmatrix}$$

$$\boldsymbol{E}_{112}=\boldsymbol{E}_{122}=\begin{bmatrix}0\\0.6\end{bmatrix},\quad \boldsymbol{E}_{212}=\boldsymbol{E}_{222}=\begin{bmatrix}0\\0.8\end{bmatrix}$$

$$\boldsymbol{F}_{11}(t)=\boldsymbol{F}_{12}(t)=\boldsymbol{F}_{21}(t)=\boldsymbol{F}_{22}(t)=\begin{bmatrix}\sin(t) & 0\\ 0 & \cos(t)\end{bmatrix}$$

Ω_{11}^1，Ω_{11}^2，Ω_{21}^1，Ω_{21}^2的隶属函数分别为

$$\mu_{11}^1(x)=1-\frac{1}{1+\mathrm{e}^{-2x}},\quad \mu_{11}^2(x)=\frac{1}{1+\mathrm{e}^{-2x}}$$

$$\mu_{21}^1(x)=1-\frac{1}{1+\mathrm{e}^{-2(x-0.3)}},\quad \mu_{21}^2(x)=\frac{1}{1+\mathrm{e}^{-2(x-0.3)}}$$

对于

$$\sum_{i=1}^{2} \lambda_{ij_i}[\boldsymbol{H}_{ij_i\vartheta_i}^{\mathrm{T}}\boldsymbol{P} + \boldsymbol{P}\boldsymbol{H}_{ij_i\vartheta_i} + 2\boldsymbol{P}\boldsymbol{D}_{ij_i}\boldsymbol{D}_{ij_i}^{\mathrm{T}}\boldsymbol{P} + \boldsymbol{E}_{ij_i1}^{\mathrm{T}}\boldsymbol{E}_{ij_i1} + \boldsymbol{K}_{i\vartheta_i}^{\mathrm{T}}\boldsymbol{E}_{ij_i2}^{\mathrm{T}}\boldsymbol{E}_{ij_i2}\boldsymbol{K}_{i\vartheta_i}] < 0$$

$$(j_i,\vartheta_i = 1,2)$$

其中，$\boldsymbol{H}_{ij_i\vartheta_i} = \boldsymbol{A}_{ij_i} + \boldsymbol{B}_{ij_i}\boldsymbol{K}_{i\vartheta_i}$，取 $\lambda_{ij_i} = 1$，可求出上式中的矩阵：

$$\boldsymbol{K}_{11} = [-0.131 \quad -0.1148],\quad \boldsymbol{K}_{12} = [-0.0623 \quad -2.302]$$

$$\boldsymbol{K}_{21} = [-1.8 \quad -1.9],\quad \boldsymbol{K}_{22} = [-0.7 \quad -1.3]$$

$$\boldsymbol{P} = \begin{bmatrix} 2.0277 & 0.3597 \\ 0.3597 & 0.2404 \end{bmatrix}$$

那么，系统在如下切换律下是渐近稳定的：

$$\sigma(\boldsymbol{x}) = \arg\min\{\bar{V}_i(\boldsymbol{x}) \triangleq \max_{j_i,\vartheta_i}\{\boldsymbol{x}^{\mathrm{T}}(\boldsymbol{H}_{ij_i\vartheta_i}^{\mathrm{T}}\boldsymbol{P} + \boldsymbol{P}\boldsymbol{H}_{ij_i\vartheta_i} + 2\boldsymbol{P}\boldsymbol{D}_{ij_i}\boldsymbol{D}_{ij_i}^{\mathrm{T}}\boldsymbol{P} + \boldsymbol{E}_{ij_i1}^{\mathrm{T}}\boldsymbol{E}_{ij_i1} + \boldsymbol{K}_{i\vartheta_i}^{\mathrm{T}}\boldsymbol{E}_{ij_i2}^{\mathrm{T}}\boldsymbol{E}_{ij_i2}\boldsymbol{K}_{i\vartheta_i})\boldsymbol{x} < 0,\ j_i,\ \vartheta_i = 1,\ 2\}\}$$

利用 Matlab 仿真，对于初始点$[1 \quad 1]^{\mathrm{T}}$，仿真结果如图 6.1 所示.

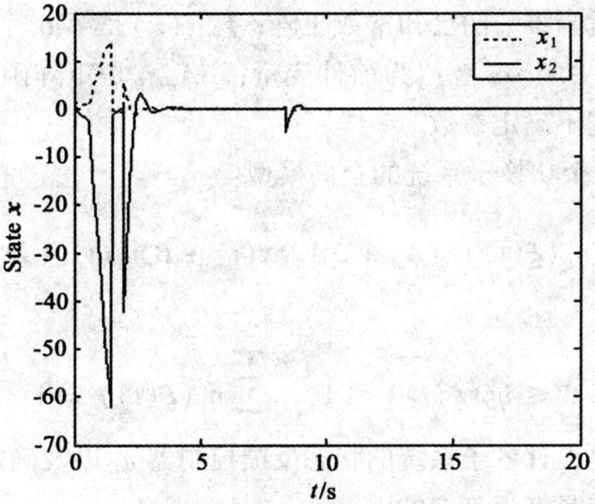

图 6.1　按 PDC 模糊控制器的系统状态响应曲线

6.3 一类带扰动的不确定切换模糊系统的鲁棒控制器设计

6.3.1 系统的描述和预备知识

考虑连续带扰动不确定切换模糊系统，即切换系统的每个子系统都是不确定模糊系统：

$$R^l_{\sigma(t)}:\ \text{If } \xi_1 \text{ is } M^l_{\sigma(t)1} \cdots \text{and } \xi_p \text{ is } M^l_{\sigma(t)p}\text{, then}$$
$$\dot{\boldsymbol{x}}(t)=(\boldsymbol{A}_{\sigma(t)l}+\Delta\boldsymbol{A}_{\sigma(t)l})\boldsymbol{x}(t)+\boldsymbol{B}_{\sigma(t)l}\boldsymbol{u}_{\sigma(t)}(t)+\boldsymbol{D}_{\sigma(t)}\boldsymbol{f}_{\sigma(t)}(\boldsymbol{x})$$
$$(l=1,\ 2,\ \cdots,\ N_{\sigma(t)}) \tag{6.8}$$

其中，分段常值函数 $\sigma(t)$：$\mathbf{R}_+ \to M=\{1,\ 2,\ \cdots,\ m\}$ 是一个待定的切换信号；$M^l_{\sigma(t)1}$，…，$M^l_{\sigma(t)p}$ 代表第 σ 个切换子系统中的模糊集；$R^l_{\sigma(t)}$ 代表第 σ 个切换子系统内的第 l 条模糊规则；$N_{\sigma(t)}$ 是第 σ 个切换子系统内的模糊规则数；$u_{\sigma(t)}(t)$ 表示第 σ 个切换子系统的输入量；$\boldsymbol{A}_{\sigma(t)l}$，$\boldsymbol{B}_{\sigma(t)l}$ 及 $\boldsymbol{D}_{\sigma(t)l}$ 是第 σ 个切换子系统中的具有适当维数的已知常数矩阵；$\boldsymbol{f}_{\sigma(t)}(\boldsymbol{x})$ 是第 σ 个切换子系统的外部干扰；$\boldsymbol{\xi}=[\xi_1\quad \xi_2\quad \cdots\quad \xi_p]$ 为前件变量；$\Delta\boldsymbol{A}_{\sigma(t)l}$ 是矩阵函数，代表第 σ 个切换子系统中时变不确定参数.

可以得到第 i 个切换子系统的全局模型：

$$\dot{\boldsymbol{x}}=\sum_{l=1}^{N_i}\eta_{il}(\boldsymbol{\xi}(t))[(\boldsymbol{A}_{il}+\Delta\boldsymbol{A}_{il})\boldsymbol{x}(t)+\boldsymbol{B}_{il}u_i(t)+\boldsymbol{D}_i f_i(\boldsymbol{x})]$$

其中

$$0\leqslant \eta_{il}(\boldsymbol{\xi}(t))\leqslant 1,\quad \sum_{l=1}^{N_i}\eta_{il}(\boldsymbol{\xi}(t))=1 \tag{6.9}$$

本节的目的是设计各子系统的状态反馈控制器 u_i 以及确定切换信号 i，使闭环切换模糊系统是渐近稳定的.

为讨论方便，引入符号 $\|(\bullet)\|$，表示向量或矩阵的欧氏范数.

对于不确定切换模糊系统(6.8)的状态反馈鲁棒控制器的设计问题，作如下假设.

假设 6.2 不确定参数是范数有界的且具有如下形式：

$$\Delta\boldsymbol{A}_{il}=\boldsymbol{M}_{il}\boldsymbol{F}_{il}(t)\boldsymbol{N}_{il}\quad (l=1,\ 2,\ \cdots,\ N_i;\ i=1,\ 2,\ \cdots,\ m)$$

其中，$\boldsymbol{M}_{il}$和$\boldsymbol{N}_{il}$是具有适当维数的已知常数实矩阵；$\boldsymbol{F}_{il}(t)$是未知时变矩阵，且满足

$$\boldsymbol{F}_{il}^{\mathrm{T}}(t)\boldsymbol{F}_{il}(t)\leqslant\boldsymbol{I}\quad(l=1,2,\cdots,N_i;\ i=1,2,\cdots,m)$$

假设 6.3　存在N_i个常数λ_l，使得

$$\boldsymbol{D}_i=\sum_l\lambda_l\boldsymbol{B}_{il}\quad(l=1,2,\cdots,N_i;i=1,2,\cdots,m)$$

对于外部干扰$\boldsymbol{f}_i(\boldsymbol{x})$，作如下假设.

假设 6.4　存在已知连续非负函数$\theta(\boldsymbol{x})$，使下列不等式成立：

$$\max_i\{\|f_i(\boldsymbol{x})\|\}\leqslant\theta(\boldsymbol{x})\quad(i=1,2,\cdots,m)$$

注 6.1　假设 6.4 是在鲁棒性分析中经常使用的条件．据此条件，$\boldsymbol{x}=\boldsymbol{0}$是系统(6.8)的平衡点.

6.3.2　鲁棒控制器设计

下面的定理给出不确定切换模糊系统(6.8)鲁棒镇定问题可解的一个条件，并给出切换律的设计方法，同时对状态反馈控制器进行设计.

定理 6.2　假设存在正定对称矩阵$\boldsymbol{R}$，$\boldsymbol{P}$和常数$\lambda_{ij_i}>0$，使得

$$\sum_{i=1}^{N_i}\lambda_{ij_i}(\boldsymbol{A}_{ij_i}^{\mathrm{T}}\boldsymbol{P}+\boldsymbol{P}\boldsymbol{A}_{ij_i}-\boldsymbol{P}\boldsymbol{B}_{i\vartheta_i}\boldsymbol{R}\boldsymbol{B}_{ij_i}^{\mathrm{T}}\boldsymbol{P}-\boldsymbol{P}\boldsymbol{B}_{ij_i}\boldsymbol{R}\boldsymbol{B}_{i\vartheta_i}^{\mathrm{T}}\boldsymbol{P}+\boldsymbol{P}\boldsymbol{M}_{ij_i}\boldsymbol{M}_{ij_i}^{\mathrm{T}}\boldsymbol{P}+\boldsymbol{N}_{ij_i}^{\mathrm{T}}\boldsymbol{N}_{ij_i})<0$$

$$(i=1,2,\cdots,m;\vartheta_i,j_i=1,2,\cdots,N_i)\tag{6.10}$$

成立，则存在子系统的状态反馈$u_i=u_i(\boldsymbol{x})$，使得系统(6.8)在切换律

$$\begin{aligned}\sigma&=\sigma(\boldsymbol{x}(t))\\&=\arg\min\{\bar{V}_i(\boldsymbol{x}(t))\triangleq\max_{\vartheta_i,j_i}\{\boldsymbol{x}^{\mathrm{T}}(t)(\boldsymbol{A}_{ij_i}^{\mathrm{T}}\boldsymbol{P}+\boldsymbol{P}\boldsymbol{A}_{ij_i}-\boldsymbol{P}\boldsymbol{B}_{i\vartheta_i}\boldsymbol{R}\boldsymbol{B}_{ij_i}^{\mathrm{T}}\boldsymbol{P}-\boldsymbol{P}\boldsymbol{B}_{ij_i}\boldsymbol{R}\boldsymbol{B}_{i\vartheta_i}^{\mathrm{T}}\boldsymbol{P}+\\&\quad\boldsymbol{P}\boldsymbol{M}_{ij_i}\boldsymbol{M}_{ij_i}^{\mathrm{T}}\boldsymbol{P}+\boldsymbol{N}_{ij_i}^{\mathrm{T}}\boldsymbol{N}_{ij_i})\boldsymbol{x}(t)<0,\ \vartheta_i,\ j_i=1,2,\cdots,N_i\}\}\end{aligned}\tag{6.11}$$

下是渐近稳定的.

证明　由式(6.10)可知，对于任意的$\boldsymbol{x}(t)\neq\boldsymbol{0}$，有

$$\sum_{i=1}^{N_i}\lambda_{ij_i}\boldsymbol{x}^{\mathrm{T}}(\boldsymbol{A}_{ij_i}^{\mathrm{T}}\boldsymbol{P}+\boldsymbol{P}\boldsymbol{A}_{ij_i}-\boldsymbol{P}\boldsymbol{B}_{i\vartheta_i}\boldsymbol{R}\boldsymbol{B}_{ij_i}^{\mathrm{T}}\boldsymbol{P}-\boldsymbol{P}\boldsymbol{B}_{ij_i}\boldsymbol{R}\boldsymbol{B}_{i\vartheta_i}^{\mathrm{T}}\boldsymbol{P}+\boldsymbol{P}\boldsymbol{M}_{ij_i}\boldsymbol{M}_{ij_i}^{\mathrm{T}}\boldsymbol{P}+\boldsymbol{N}_{ij_i}^{\mathrm{T}}\boldsymbol{N}_{ij_i})\boldsymbol{x}<0$$

$$(i=1,2,\cdots,m;\vartheta_i,j_i=1,2,\cdots,N_i)\tag{6.12}$$

注意到对于任意的j_i，$\vartheta_i\in\{1,2,\cdots N_i\}$和$\lambda_{ij_i}>0$，式(6.12)都成立．对于$\forall j_i$，$\vartheta_i$，至少存在一个$i$，使得

$$x^{\mathrm{T}}(t)(A_{ij_i}^{\mathrm{T}}P+PA_{ij_i}-PB_{i\vartheta_i}RB_{ij_i}^{\mathrm{T}}P-PB_{ij_i}RB_{i\vartheta_i}^{\mathrm{T}}P+PM_{ij_i}M_{ij_i}^{\mathrm{T}}P+N_{ij_i}^{\mathrm{T}}N_{ij_i})x(t)<0$$

可见切换规则(6.11)完全确定.

下面，对系统(6.8)构造如下的鲁棒切换状态反馈控制器：

$$u_i=u_i^1+u_i^2$$

$$u_i^1=-\sum_{l=1}^{N_i}\rho_{il}(x(t))RB_{il}^{\mathrm{T}}Px,\quad \rho_{il}=\frac{1+\mathrm{sgn}(x^{\mathrm{T}}PB_iRB_{il}^{\mathrm{T}}Px)}{2} \tag{6.13}$$

$$u_i^2=\begin{cases}0, & \|B_i^{\mathrm{T}}Px\|=0\\ \Theta_i, & 其他\end{cases} \tag{6.14}$$

这里

$$\Theta_i=-\frac{\theta(x)\cdot B_i^{\mathrm{T}}Px}{\|B_i^{\mathrm{T}}Px\|}-\sum_{r=1}^{N_i}\frac{\lambda_r\theta(x)\cdot B_i^{\mathrm{T}}Px}{\|B_i^{\mathrm{T}}Px\|^2}\|B_{ir}^{\mathrm{T}}Px\|$$

$$B_i=\sum_{l=1}^{N_i}\eta_{il}(\xi)B_{il}$$

其中，R，P 都为可设计的正定对称矩阵.

考虑由上述控制器组成的第 i 个子模糊系统闭环系统：

$$\dot{x}(t)=\sum_{l=1}^{N_i}\eta_{il}(\xi)[(A_{il}+\Delta A_{il})x(t)+B_{il}(u_i^1+u_i^2)+D_if_i]$$

取 Lyapunov 函数为 $V(t)=x^{\mathrm{T}}(t)Px(t)$.

① 当 $B_i^{\mathrm{T}}Px\neq 0$ 时，有

$$\begin{aligned}\dot{V}&=\dot{x}^{\mathrm{T}}Px+x^{\mathrm{T}}P\dot{x}\\&=\sum_{l=1}^{N_i}\eta_{il}(A_{il}x+B_{il}u_i^1)^{\mathrm{T}}Px+\sum_{l=1}^{N_i}\eta_{il}x^{\mathrm{T}}P(A_{il}x+B_{il}u_i^1)+\sum_{l=1}^{N_i}\eta_{il}(\Delta A_{il}x)^{\mathrm{T}}Px+\\&\quad\sum_{l=1}^{N_i}\eta_{il}x^{\mathrm{T}}P(\Delta A_{il}x)+\sum_{l=1}^{N_i}\eta_{il}(B_{il}u_i^2+D_if_i)^{\mathrm{T}}Px+\sum_{l=1}^{N_i}\eta_{il}x^{\mathrm{T}}P(B_{il}u_i^2+D_if_i)\end{aligned} \tag{6.15}$$

考虑式(6.15)右端的第一项，有

$$\begin{aligned}&\sum_{l=1}^{N_i}\eta_{il}(A_{il}x+B_{il}u_i^1)^{\mathrm{T}}Px+\sum_{l=1}^{N_i}\eta_{il}x^{\mathrm{T}}P(A_{il}x+B_{il}u_i^1)\\&=x^{\mathrm{T}}\Big[\sum_{l=1}^{N_i}\sum_{p=1}^{N_i}\eta_{il}\eta_{ip}(A_{il}-B_{il}RB_{ip}^{\mathrm{T}}P)-\sum_{l=1}^{N_i}\sum_{p=1}^{N_i}\eta_{il}\rho_{ip}B_{il}RB_{ip}^{\mathrm{T}}P+\end{aligned}$$

$$\sum_{l=1}^{N_i}\sum_{p=1}^{N_i}\eta_{il}\eta_{ip}\boldsymbol{B}_{il}\boldsymbol{R}\boldsymbol{B}_{ip}^{\mathrm{T}}\boldsymbol{P}\Big]^{\mathrm{T}}\boldsymbol{P}\boldsymbol{x}+\boldsymbol{x}^{\mathrm{T}}\boldsymbol{P}\Big[\sum_{l=1}^{N_i}\sum_{p=1}^{N_i}\eta_{il}\eta_{ip}(\boldsymbol{A}_{il}-\boldsymbol{B}_{il}\boldsymbol{R}\boldsymbol{B}_{ip}^{\mathrm{T}}\boldsymbol{P})-$$

$$\sum_{l=1}^{N_i}\sum_{p=1}^{N_i}\eta_{il}\rho_{ip}\boldsymbol{B}_{il}\boldsymbol{R}\boldsymbol{B}_{ip}^{\mathrm{T}}\boldsymbol{P}+\sum_{l=1}^{N_i}\sum_{p=1}^{N_i}\eta_{il}\eta_{ip}\boldsymbol{B}_{il}\boldsymbol{R}\boldsymbol{B}_{ip}^{\mathrm{T}}\boldsymbol{P}\Big]$$

$$=\boldsymbol{x}^{\mathrm{T}}\Big[\sum_{l=1}^{N_i}\sum_{p=1}^{N_i}\eta_{il}\eta_{ip}(\boldsymbol{A}_{il}-\boldsymbol{B}_{il}\boldsymbol{R}\boldsymbol{B}_{ip}^{\mathrm{T}}\boldsymbol{P})-\sum_{p=1}^{N_i}(\rho_{ip}-\eta_{ip})\boldsymbol{B}_{i}\boldsymbol{R}\boldsymbol{B}_{ip}^{\mathrm{T}}\boldsymbol{P}\Big]^{\mathrm{T}}\boldsymbol{P}\boldsymbol{x}+$$

$$\boldsymbol{x}^{\mathrm{T}}\boldsymbol{P}\Big[\sum_{l=1}^{N_i}\sum_{p=1}^{N_i}\eta_{il}\eta_{ip}(\boldsymbol{A}_{il}-\boldsymbol{B}_{il}\boldsymbol{R}\boldsymbol{B}_{ip}^{\mathrm{T}}\boldsymbol{P})-\sum_{p=1}^{N_i}(\rho_{ip}-\eta_{ip})\boldsymbol{B}_{i}\boldsymbol{R}\boldsymbol{B}_{ip}^{\mathrm{T}}\boldsymbol{P}\Big]$$

$$\leqslant\boldsymbol{x}^{\mathrm{T}}\sum_{l=1}^{N_i}\sum_{p=1}^{N_i}\eta_{il}\eta_{ip}(\boldsymbol{A}_{il}^{\mathrm{T}}\boldsymbol{P}+\boldsymbol{P}\boldsymbol{A}_{il}-\boldsymbol{P}\boldsymbol{B}_{ip}\boldsymbol{R}\boldsymbol{B}_{il}^{\mathrm{T}}\boldsymbol{P}-\boldsymbol{P}\boldsymbol{B}_{il}\boldsymbol{R}\boldsymbol{B}_{ip}^{\mathrm{T}}\boldsymbol{P})\boldsymbol{x}-$$

$$2\sum_{p=1}^{N_i}\left(\frac{1}{2}-\left|\eta_{ip}-\frac{1}{2}\right|\right)\cdot\left|\boldsymbol{x}^{\mathrm{T}}\boldsymbol{P}\boldsymbol{B}_{i}\boldsymbol{R}\boldsymbol{B}_{il}^{\mathrm{T}}\boldsymbol{P}\boldsymbol{x}\right| \tag{6.16}$$

对式(6.15)右端第二项，有

$$\sum_{l=1}^{N_i}\eta_{il}(\Delta\boldsymbol{A}_{il}\boldsymbol{x})^{\mathrm{T}}\boldsymbol{P}\boldsymbol{x}+\sum_{l=1}^{N_i}\eta_{il}\boldsymbol{x}^{\mathrm{T}}\boldsymbol{P}(\Delta\boldsymbol{A}_{il}\boldsymbol{x})\leqslant\sum_{l=1}^{N_i}\eta_{il}\boldsymbol{x}^{\mathrm{T}}(\boldsymbol{P}\boldsymbol{M}_{il}\boldsymbol{M}_{il}^{\mathrm{T}}\boldsymbol{P}+\boldsymbol{N}_{il}^{\mathrm{T}}\boldsymbol{N}_{il})\boldsymbol{x} \tag{6.17}$$

对式(6.15)右端最后一项，有

$$\sum_{l=1}^{N_i}\eta_{il}(\boldsymbol{B}_{il}u_i^2+\boldsymbol{D}_if_i)^{\mathrm{T}}\boldsymbol{P}\boldsymbol{x}+\sum_{l=1}^{N_i}\eta_{il}\boldsymbol{x}^{\mathrm{T}}\boldsymbol{P}(\boldsymbol{B}_{il}u_i^2+\boldsymbol{D}_if_i)$$

$$=2\sum_{l=1}^{N_i}\eta_{il}(\boldsymbol{x}^{\mathrm{T}}\boldsymbol{P}\boldsymbol{B}_{il}u_i^2+\boldsymbol{x}^{\mathrm{T}}\boldsymbol{P}\boldsymbol{D}_if_i)$$

$$=2\boldsymbol{x}^{\mathrm{T}}\boldsymbol{P}\boldsymbol{B}_i\left[-\frac{\theta\cdot(\boldsymbol{B}_i^{\mathrm{T}}\boldsymbol{P}\boldsymbol{x})}{\|\boldsymbol{B}_i^{\mathrm{T}}\boldsymbol{P}\boldsymbol{x}\|}-\sum_{r=1}^{N_i}\frac{\lambda_r\theta\cdot(\boldsymbol{B}_i^{\mathrm{T}}\boldsymbol{P}\boldsymbol{x})}{\|\boldsymbol{B}_i^{\mathrm{T}}\boldsymbol{P}\boldsymbol{x}\|^2}\cdot\|\boldsymbol{B}_{ir}^{\mathrm{T}}\boldsymbol{P}\boldsymbol{x}\|\right]+$$

$$2\sum_{l=1}^{N_i}\eta_{il}\left[\boldsymbol{x}^{\mathrm{T}}\boldsymbol{P}\Big(\sum_{r=1}^{N_i}\lambda_r\boldsymbol{B}_{ir}\Big)f_i\right]$$

$$\leqslant2\Big(-\theta\|\boldsymbol{B}_i^{\mathrm{T}}\boldsymbol{P}\boldsymbol{x}\|-\sum_{r=1}^{N_i}\lambda_r\theta\cdot\|\boldsymbol{B}_{ir}^{\mathrm{T}}\boldsymbol{P}\boldsymbol{x}\|\Big)+2\sum_{l=1}^{N_i}\eta_{il}\sum_{r=1}^{N_i}\lambda_r\theta\|\boldsymbol{B}_{ir}^{\mathrm{T}}\boldsymbol{P}\boldsymbol{x}\|$$

$$=2(-\theta\|\boldsymbol{B}_i^{\mathrm{T}}\boldsymbol{P}\boldsymbol{x}\|) \tag{6.18}$$

将式(6.16)~式(6.18)代入式(6.15)中，可以得到

$$\dot{V}\leqslant\boldsymbol{x}^{\mathrm{T}}\sum_{l=1}^{N_i}\sum_{p=1}^{N_i}\eta_{il}\eta_{ip}(\boldsymbol{A}_{il}^{\mathrm{T}}\boldsymbol{P}+\boldsymbol{P}\boldsymbol{A}_{il}-\boldsymbol{P}\boldsymbol{B}_{ip}\boldsymbol{R}\boldsymbol{B}_{il}^{\mathrm{T}}\boldsymbol{P}-\boldsymbol{P}\boldsymbol{B}_{il}\boldsymbol{R}\boldsymbol{B}_{ip}^{\mathrm{T}}\boldsymbol{P})\boldsymbol{x}-$$

$$2\sum_{p=1}^{N_i}\left(\frac{1}{2}-\left|\eta_{ip}-\frac{1}{2}\right|\right)\cdot\left|\boldsymbol{x}^{\mathrm{T}}\boldsymbol{P}\boldsymbol{B}_i\boldsymbol{R}\boldsymbol{B}_{il}^{\mathrm{T}}\boldsymbol{P}\boldsymbol{x}\right|+\sum_{l=1}^{N_i}\eta_{il}\boldsymbol{x}^{\mathrm{T}}(\boldsymbol{P}\boldsymbol{M}_{il}\boldsymbol{M}_{il}^{\mathrm{T}}\boldsymbol{P}+$$

$$\boldsymbol{N}_{il}^{\mathrm{T}}\boldsymbol{N}_{il})\boldsymbol{x}+2\sum_{l=1}^{N_i}\eta_{il}(-\theta\|\boldsymbol{B}_{il}^{\mathrm{T}}\boldsymbol{P}\boldsymbol{x}\|)$$

由于$0\leqslant\eta_{il}(\boldsymbol{\xi})\leqslant1$，$\sum_{l=1}^{N_i}\eta_{il}(\boldsymbol{\xi})=1$，而且$\theta(\boldsymbol{x})$是已知连续非负函数，所以可以得到

$$\dot{V}\leqslant\boldsymbol{x}^{\mathrm{T}}\sum_{l=1}^{N_i}\sum_{p=1}^{N_i}\eta_{il}\eta_{ip}(\boldsymbol{A}_{il}^{\mathrm{T}}\boldsymbol{P}+\boldsymbol{P}\boldsymbol{A}_{il}-\boldsymbol{P}\boldsymbol{B}_{ip}\boldsymbol{R}\boldsymbol{B}_{il}^{\mathrm{T}}\boldsymbol{P}-\boldsymbol{P}\boldsymbol{B}_{il}\boldsymbol{R}\boldsymbol{B}_{ip}^{\mathrm{T}}\boldsymbol{P}+\boldsymbol{P}\boldsymbol{M}_{il}\boldsymbol{M}_{il}^{\mathrm{T}}\boldsymbol{P}+$$
$$\boldsymbol{N}_{il}^{\mathrm{T}}\boldsymbol{N}_{il})\boldsymbol{x}$$

② 当$\boldsymbol{B}_i^{\mathrm{T}}\boldsymbol{P}\boldsymbol{x}=0$时，有

$$\dot{V}\leqslant\boldsymbol{x}^{\mathrm{T}}\sum_{l=1}^{N_i}\sum_{p=1}^{N_i}\eta_{il}\eta_{ip}(\boldsymbol{A}_{il}^{\mathrm{T}}\boldsymbol{P}+\boldsymbol{P}\boldsymbol{A}_{il}-\boldsymbol{P}\boldsymbol{B}_{ip}\boldsymbol{R}\boldsymbol{B}_{il}^{\mathrm{T}}\boldsymbol{P}-\boldsymbol{P}\boldsymbol{B}_{il}\boldsymbol{R}\boldsymbol{B}_{ip}^{\mathrm{T}}\boldsymbol{P}+\boldsymbol{P}\boldsymbol{M}_{il}\boldsymbol{M}_{il}^{\mathrm{T}}\boldsymbol{P}+$$
$$\boldsymbol{N}_{il}^{\mathrm{T}}\boldsymbol{N}_{il})\boldsymbol{x}$$

考虑式(6.9)和式(6.10)，可得$\frac{\mathrm{d}}{\mathrm{d}t}V(\boldsymbol{x}(t))<0$，$\boldsymbol{x}(t)\neq\boldsymbol{0}$. 所以，系统(6.8)是渐近稳定的.

注 6.2　鲁棒状态控制器由两部分组成. 其中，u_i^1的作用是稳定标称系统的，u_i^2用于处理外部干扰$\boldsymbol{D}_i f_i(\boldsymbol{x})$.

6.3.3　仿真例子

考虑不确定切换模糊系统：

R_1^1: If $\boldsymbol{x}$ is Ω_{11}^1, then $\dot{\boldsymbol{x}}(t)=(\boldsymbol{A}_{11}+\Delta\boldsymbol{A}_{11})\boldsymbol{x}+\boldsymbol{B}_{11}u_1+\boldsymbol{D}_1 f_1$

R_1^2: If $\boldsymbol{x}$ is Ω_{11}^2, then $\dot{\boldsymbol{x}}(t)=(\boldsymbol{A}_{12}+\Delta\boldsymbol{A}_{12})\boldsymbol{x}+\boldsymbol{B}_{12}u_1+\boldsymbol{D}_1 f_1$

R_2^1: If $\boldsymbol{x}$ is Ω_{21}^1, then $\dot{\boldsymbol{x}}(t)=(\boldsymbol{A}_{21}+\Delta\boldsymbol{A}_{21})\boldsymbol{x}+\boldsymbol{B}_{21}u_2+\boldsymbol{D}_2 f_2$

R_2^2: If $\boldsymbol{x}$ is Ω_{21}^2, then $\dot{\boldsymbol{x}}(t)=(\boldsymbol{A}_{22}+\Delta\boldsymbol{A}_{22})\boldsymbol{x}+\boldsymbol{B}_{22}u_2+\boldsymbol{D}_2 f_2$

其中

$$\boldsymbol{A}_{11}=\begin{bmatrix}-1 & 0.01\\ 9.3 & 1.0493\end{bmatrix},\quad \boldsymbol{B}_{11}=\begin{bmatrix}0\\1\end{bmatrix}$$

$$\boldsymbol{A}_{12}=\begin{bmatrix}0 & 0.1\\ -2 & 4.529\end{bmatrix},\quad \boldsymbol{B}_{12}=\begin{bmatrix}0\\1\end{bmatrix}$$

$$A_{21}=\begin{bmatrix}-10 & 0.1\\ 10 & -0.1\end{bmatrix},\quad B_{21}=\begin{bmatrix}0\\1\end{bmatrix}$$

$$A_{22}=\begin{bmatrix}10 & -0.8\\ -8 & -0.9\end{bmatrix},\quad B_{22}=\begin{bmatrix}0\\1\end{bmatrix}$$

$$M_{11}=M_{12}=\begin{bmatrix}-0.1125 & 1\\ 1 & 0\end{bmatrix},\quad M_{21}=M_{22}=\begin{bmatrix}0.01 & 1\\ 1 & 0\end{bmatrix}$$

$$N_{11}=N_{12}=\begin{bmatrix}1 & 0.2\\ 0 & 0\end{bmatrix},\quad N_{21}=N_{22}=\begin{bmatrix}0.5 & 1\\ 0 & 0\end{bmatrix}$$

$$F_{11}(t)=F_{12}(t)=F_{21}(t)=F_{22}(t)=\begin{bmatrix}\sin(t) & 0\\ 0 & \cos(t)\end{bmatrix}$$

$$f_1(x)=\sin(x_1^2+x_2^2),\quad f_2(x)=\cos(x_1^2+x_2^2)$$

$$D_1=D_2=(1\quad 1)^{\mathrm{T}},\quad \theta(x)=1$$

Ω_{11}^1，Ω_{11}^2，Ω_{21}^1，Ω_{21}^2的隶属函数分别为

$$\mu_{11}^1(x)=1-\frac{1}{1+\mathrm{e}^{-2x}},\quad \mu_{11}^2(x)=\frac{1}{1+\mathrm{e}^{-2x}}$$

$$\mu_{21}^1(x)=1-\frac{1}{1+\mathrm{e}^{-2(x-0.3)}},\quad \mu_{21}^2(x)=\frac{1}{1+\mathrm{e}^{-2(x-0.3)}}$$

对于不等式

$$\sum_{i=1}^{2}\lambda_{ij_i}x^{\mathrm{T}}(A_{ij_i}^{\mathrm{T}}P+PA_{ij_i}-PB_{i\vartheta_i}RB_{ij_i}^{\mathrm{T}}P-PB_{ij_i}RB_{i\vartheta_i}^{\mathrm{T}}P+PM_{ij_i}M_{ij_i}^{\mathrm{T}}P+N_{ij_i}^{\mathrm{T}}N_{ij_i})x<0$$

$(i=1,2;\vartheta_i,j_i=1,2)$

令 $\lambda_{ij_i}=1$，可以解得

$$P=\begin{bmatrix}0.0887 & -0.0683\\ -0.0683 & 0.1064\end{bmatrix}$$

$$R=[1.8]$$

取控制器(6.13)和(6.14)，那么系统在下面切换律下是渐近稳定的：

$$\begin{aligned}\sigma&=\sigma(x(t))\\&=\arg\min\{\bar{V}_i(x(t))\triangleq\max_{\vartheta_i,j_i}\{x^{\mathrm{T}}(t)(A_{ij_i}^{\mathrm{T}}P+PA_{ij_i}-PB_{i\vartheta_i}RB_{ij_i}^{\mathrm{T}}P-PB_{ij_i}RB_{i\vartheta_i}^{\mathrm{T}}P+\\&\quad PM_{ij_i}M_{ij_i}^{\mathrm{T}}P+N_{ij_i}^{\mathrm{T}}N_{ij_i})x(t)<0,\ \vartheta_i,\ j_i=1,\ 2\}\}\end{aligned}$$

利用 Matlab 仿真，对于初始点$[-5\quad 5]^{\mathrm{T}}$，仿真结果如图 6.2 所示.

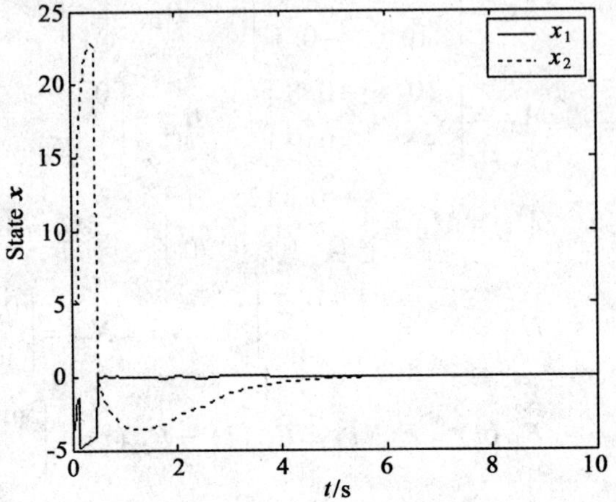

图 6.2　系统的状态响应

为了说明所设计控制器的优越性，现在，采用常用的 PDC 模糊控制器设计方法，取全局控制为 $u_i(t) = \sum_{l=1}^{N_i} \eta_{il} \boldsymbol{K}_{il} \boldsymbol{x}(t)$. 其中，状态反馈增益选取为

$$\boldsymbol{K}_{11} = [-0.131 \quad -0.1148], \quad \boldsymbol{K}_{12} = [-0.0623 \quad -2.302]$$

$$\boldsymbol{K}_{21} = [-1.8 \quad -1.9], \quad \boldsymbol{K}_{22} = [-0.7 \quad -1.3]$$

取与图 6.2 相同的切换模糊系统，以及与图 6.2 相同的切换规则和相同的初始点$[-5 \quad 5]^{\mathrm{T}}$，仿真结果如图 6.3 所示.

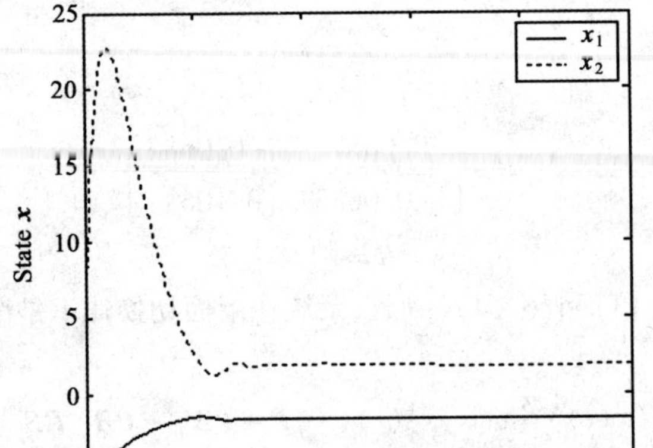

图 6.3　使用 PDC 模糊控制器的状态响应曲线

比较图 6. 2 和图 6. 3 可以看出，图 6. 2 的收敛时间及效果要明显好于图 6. 3.

6. 4　结　论

本章分别研究了一类不确定切换模糊系统和一类带扰动的不确定切换模糊系统的鲁棒控制器的设计问题. 使用切换技术及 Lyapunov 函数方法构造出连续状态反馈控制器，使得对于所有允许的不确定性，相应的闭环系统渐近稳定. 同时，设计了可以实现系统全局渐近稳定的切换律. 模型中的每个切换系统的子系统是不确定模糊系统，分别取常用的平行分布补偿 PDC 控制器和所设计的新型切换状态反馈控制器进行研究，主要条件以凸组合的形式给出，具有较强的可解性. 这类混杂控制系统对参数变化具有很强的鲁棒性. 计算机仿真结果表明了设计方法的可行性与有效性.

第 7 章 不确定切换模糊系统的鲁棒自适应控制

7.1 引 言

传统的控制理论(包括经典控制理论和现代控制理论)可以用来处理许多控制问题. 例如，采用经典控制理论来处理线性定常系统的控制问题是很有效的：利用卡尔曼滤波器可以对有噪声的系统进行状态估计；极大值原理可以用来解决某些最优控制问题；分离定理为随机系统的控制提供了便利的方法；极点配置技术可以用来处理线性多变量系统；预测控制理论可以对大滞后过程进行有效的控制. 尽管这些理论在处理实际问题时都取得了不同程度的成功，但是在实际中常常出现这样的复杂情况：很多控制对象的数学模型随时间和工作环境的改变而改变，其变化规律往往事先不知道；许多工业被控对象具有非线性、时变性、变结构、多层次、多干扰因素以及各种不确定性，难以对数学模型实现有效控制. 所以，对于非线性和不确定性系统进行控制器设计，一直是控制理论研究的热点. 一般来讲，自适应控制的目的就是在系统出现这些不确定因素时，仍能使系统有很好的控制效果. 因此，复杂控制系统应该具有自适应性.

目前，关于 T-S 模型的稳定性分析已有很多结果文献[56-59]. 相对于稳定性结果，模糊系统的鲁棒稳定性结果却少很多[134-137]. 文献[134]中仅对参数不确定性的模糊系统进行了鲁棒稳定分析. 文献[135]是针对外部干扰满足匹配条件的模糊模型，设计使之稳定的控制器. 文献[136]对已知上界的外部干扰进行控制器设计. 文献[137]针对未知上界的外部干扰，对所定义的球半径进行估计，设计自适应控制器.

自适应控制技术能够很好地解决系统不确定和时变问题，操作者对被控对象进行控制时主要通过不断学习，积累操作经验．同时，操作者可以对数学模型的被控对象进行有效的控制．同切换系统和模糊控制系统方面的研究成果相比，关于复杂控制系统——切换模糊系统的鲁棒稳定性问题——的研究结果却少有报道，涉及这类系统的鲁棒自适应控制的结果更未见报道．本章致力于解决这一问题．

本章采用多 Lyapunov 函数，针对模型中未知上界的外部干扰，设计模型的自适应鲁棒控制器，并给出相应的切换策略．本章对所设计的鲁棒自适应控制器中的自适应参数进行在线的慢调节，相应的切换律实际上是对系统进行的一种在线的快调节，当两者相结合时，将对系统的暂态响应起到很大作用．

7.2　鲁棒自适应镇定

7.2.1　问题的提出与假设

考虑下面的不确定切换模糊系统：

R_σ^l：If ξ_1 is $M_{\sigma 1}^l \cdots$ and ξ_p is $M_{\sigma p}^l$, then

$$\dot{\boldsymbol{x}}(t)=\boldsymbol{A}_{\sigma l}\boldsymbol{x}(t)+\boldsymbol{B}_{\sigma l}\boldsymbol{u}_\sigma(t)+\boldsymbol{w}_{\sigma l}\quad (l=1,\ 2,\ \cdots,\ N_\sigma) \tag{7.1}$$

其中，分段常值函数 $\boldsymbol{\sigma}=\sigma(\boldsymbol{x}(t))$：$[0,\ +\infty)\to\bar{M}=\{1,\ 2,\ \cdots,\ m\}$ 是一个切换信号；$M_{\sigma 1}^l$，…，$M_{\sigma p}^l$代表第 $\boldsymbol{\sigma}$ 个切换子系统中的模糊集；R_σ^l 代表第 $\boldsymbol{\sigma}$ 个切换子系统内的第 l 条模糊规则；N_σ 是第 $\boldsymbol{\sigma}$ 个切换子系统内的模糊规则数；$\boldsymbol{u}_\sigma(t)$表示第 $\boldsymbol{\sigma}$ 个子系统的输入量；$\boldsymbol{w}_{\sigma l}$是第 $\boldsymbol{\sigma}$ 个子系统的外部干扰；$\boldsymbol{x}(t)$是状态变量；$\boldsymbol{A}_{\sigma l}\in\mathbf{R}^{n\times n}$及 $\boldsymbol{B}_{\sigma l}\in\mathbf{R}^{n\times p}$是第 $\boldsymbol{\sigma}$ 个子系统中的常数矩阵；$\boldsymbol{\xi}=[\xi_1\quad \xi_2\quad \cdots\quad \xi_p]$为前件变量．

对于第 i 个切换子系统：

R_i^l：If ξ_1 is $M_{i1}^l \cdots$ and ξ_p is M_{ip}^l, then

$$\dot{\boldsymbol{x}}(t)=\boldsymbol{A}_{il}\boldsymbol{x}(t)+\boldsymbol{B}_{il}u_i(t)+\boldsymbol{w}_{il}\quad (i=1,\ \cdots,\ m;\ l=1,\ 2,\ \cdots,\ N_i)$$

可以得到第 i 个切换子系统的全局模型：

$$\dot{\boldsymbol{x}}(t)=\sum_{l=1}^{N_i}\eta_{il}(\boldsymbol{\xi}(t))[\boldsymbol{A}_{il}\boldsymbol{x}(t)+\boldsymbol{B}_{il}u_i(t)+\boldsymbol{w}_{il}]\quad (i=1,\cdots,m)$$

其中，$0 \leqslant \eta_{il}(\boldsymbol{\xi}(t)) \leqslant 1$，$\sum_{l=1}^{N_i} \eta_{il}(\boldsymbol{\xi}(t)) = 1$. 且有

$$w_{il}(\boldsymbol{\xi}(t)) = \prod_{\rho=1}^{p} M_{i\rho}^{l}(\xi_\rho(t)), \quad \eta_{il}(\boldsymbol{\xi}(t)) = \frac{w_{il}(\boldsymbol{\xi}(t))}{\sum_{l=1}^{N_i} \omega_{il}(\boldsymbol{\xi}(t))}$$

其中，$M_{i\rho}^{l}(\xi_\rho(t))$表示第$i$个子系统中$\xi_\rho(t)$属于模糊集$M_{i\rho}^{l}$的隶属度.

假设 7.1 系统(7.1)的外部干扰满足

$$\boldsymbol{w}_{il} = \boldsymbol{B}_{il}\overline{\boldsymbol{w}}_i, \quad \|\overline{\boldsymbol{w}}_i\| \leqslant \boldsymbol{\phi}_i^{\mathrm{T}}(\boldsymbol{x}, t)\boldsymbol{\theta}_i^* \quad (i=1, \cdots, m)$$

其中，$\boldsymbol{\phi}_i(\boldsymbol{x}, t) = (\phi_{i1}(\boldsymbol{x}, t), \phi_{i2}(\boldsymbol{x}, t), \cdots, \phi_{iq}(\boldsymbol{x}, t))^{\mathrm{T}}$，$\theta_i^* = (\theta_{i1}^*, \theta_{i2}^*, \cdots, \theta_{iq}^*)^{\mathrm{T}}$，这里对于所有的$x$，有$\phi_{i\alpha}(\boldsymbol{x}, t) > 0$ ($\alpha = 1, 2, \cdots, q$). 函数$\phi_{i\alpha}(\boldsymbol{x}, t)$ ($\alpha=1, 2, \cdots, q$)是关于时间连续一致有界的，关于$\boldsymbol{x}$局部一致有界的. $\boldsymbol{\theta}_i^* \in \mathbf{R}^q$是一个有界常数，且这个界是未知的.

对于系统(7.1)，应设计一条切换律σ和相应的鲁棒自适应控制器，使得对所有允许的不确定性，系统(7.1)是一致终值有界的.

7.2.2 自适应控制器设计

定理 7.1 考虑不确定切换模糊系统(7.1). 在假设 7.1 下，如果存在同时非负或同时非正的实数$\beta_{ij}(i, j \in \overline{M})$及正定对称矩阵$\boldsymbol{P}_i$、正定对称矩阵$\boldsymbol{Q}_i$，使得矩阵不等式组

$$\boldsymbol{A}_{ij_i}^{\mathrm{T}}\boldsymbol{P}_i + \boldsymbol{P}_i\boldsymbol{A}_{ij_i} + \boldsymbol{Q}_i + \sum_{j=1}^{m}\beta_{ij}(\boldsymbol{P}_i - \boldsymbol{P}_j) < 0 \quad (j_i = 1,2,\cdots,N_i; i = 1,\cdots,m) \tag{7.2}$$

成立，则存在鲁棒自适应控制器和切换函数$\sigma(t)=i$，使闭环系统(7.1)是一致终值有界的.

证明 设计自适应控制器如下：

$$u_i(t) = -\frac{(\boldsymbol{\phi}_i^{\mathrm{T}}(\boldsymbol{x}, t)\hat{\boldsymbol{\theta}}_i)^2\boldsymbol{B}_i^{\mathrm{T}}\boldsymbol{P}_i\boldsymbol{x}(t)}{\boldsymbol{\phi}_i^{\mathrm{T}}(\boldsymbol{x}, t)\hat{\boldsymbol{\theta}}_i\|\boldsymbol{x}^{\mathrm{T}}(t)\boldsymbol{P}_i\boldsymbol{B}_i\| + \varepsilon_i} \quad (i=1, \cdots, m) \tag{7.3}$$

其中，$\boldsymbol{B}_i = \sum_{l=1}^{N_i}\eta_{il}(\xi)\boldsymbol{B}_{il}$，$\varepsilon_i$是正的常数.

自适应律为

$$\dot{\hat{\boldsymbol{\theta}}}_i = -r_i\boldsymbol{\Gamma}_i\hat{\boldsymbol{\theta}}_i + \left\|\sum_{l=1}^{N_i}\eta_{il}\boldsymbol{x}^{\mathrm{T}}(t)\boldsymbol{P}_i\boldsymbol{B}_{il}\right\|\boldsymbol{\Gamma}_i\boldsymbol{\phi}_i(\boldsymbol{x},t) \quad (i=1,\cdots,m) \tag{7.4}$$

其中，r_i 是正的常数；$\boldsymbol{\Gamma}_i$ 是正定对称矩阵；$\hat{\boldsymbol{\theta}}_i=\boldsymbol{\theta}_i^*+\tilde{\boldsymbol{\theta}}_i$，$\hat{\boldsymbol{\theta}}_i$ 是 $\boldsymbol{\theta}_i^*$ 的估计值；r_i 和 $\boldsymbol{\Gamma}_i$ 是所要设计的参数.

自适应律(7.4)可以写成下面的形式：

$$\dot{\tilde{\boldsymbol{\theta}}}_i = -r_i\boldsymbol{\Gamma}_i\tilde{\boldsymbol{\theta}}_i + \left\|\sum_{l=1}^{N_i}\eta_{il}\boldsymbol{x}^{\mathrm{T}}(t)\boldsymbol{P}_i\boldsymbol{B}_{il}\right\|\boldsymbol{\Gamma}_i\boldsymbol{\phi}_i(\boldsymbol{x},t) - r_i\boldsymbol{\Gamma}_i\boldsymbol{\theta}_i^*$$

不妨设 β_{ij} 同为非负.

显然，对于 $\forall \boldsymbol{x}(t)\in\mathbf{R}^n\setminus\{0\}$，必有一个 $i\in\bar{M}$，使得 $\boldsymbol{x}^{\mathrm{T}}(t)(\boldsymbol{P}_i-\boldsymbol{P}_j)\boldsymbol{x}(t)\geqslant 0$，$\forall j\in\bar{M}$，则由矩阵不等式组(7.2)可知，对于此向量有

$$\boldsymbol{x}^{\mathrm{T}}(t)(\boldsymbol{A}_{ij_i}^{\mathrm{T}}\boldsymbol{P}_i+\boldsymbol{P}_i\boldsymbol{A}_{ij_i}+\boldsymbol{Q}_i)\boldsymbol{x}(t)<0 \quad (j_i=1,\ 2,\ \cdots,\ N_i)$$

于是对于任意的 $i\in\bar{M}$，令 $\Omega_i=\{\boldsymbol{x}\in\mathbf{R}^n\setminus\{0\}\mid x^{\mathrm{T}}(\boldsymbol{P}_i-\boldsymbol{P}_j)\boldsymbol{x}\geqslant 0,\ \forall j\in\bar{M}\}$，则 $\bigcup_{i=1}^{m}\Omega_i=\mathbf{R}^n\setminus\{0\}$. 构造集合 $\bar{\Omega}_1=\Omega_1$，…，$\bar{\Omega}_i=\Omega_i-\bigcup_{j=1}^{i-1}\bar{\Omega}_j$，…，$\bar{\Omega}_m=\Omega_m-\bigcup_{j=1}^{m-1}\bar{\Omega}_j$，显然有 $\bigcup_{i=1}^{m}\bar{\Omega}_i=\mathbf{R}^n\setminus\{0\}$，且 $\bar{\Omega}_i\cap\bar{\Omega}_j=\varnothing$，$i\neq j$.

这里取 Lyapunov 函数为

$$V_i(\boldsymbol{x},\ \tilde{\theta}_i)=\boldsymbol{x}^{\mathrm{T}}\boldsymbol{P}_i\boldsymbol{x}+\tilde{\boldsymbol{\theta}}_i^{\mathrm{T}}\boldsymbol{\Gamma}_i^{-1}\tilde{\boldsymbol{\theta}}_i$$

其中，$\boldsymbol{P}_i$ 为满足式(7.2)的对称正定矩阵，$i=1$，…，m.

构造切换律 $\boldsymbol{\sigma}(t)=i$，当 $\boldsymbol{x}(t)\in\bar{\Omega}_i$ 时，则

$$\begin{aligned}
\dot{V}_i(\boldsymbol{x},\tilde{\boldsymbol{\theta}}_i) &= \dot{\boldsymbol{x}}^{\mathrm{T}}\boldsymbol{P}_i\boldsymbol{x}+\boldsymbol{x}^{\mathrm{T}}\boldsymbol{P}_i\dot{\boldsymbol{x}}+2\tilde{\boldsymbol{\theta}}_i^{\mathrm{T}}\boldsymbol{\Gamma}_i^{-1}\dot{\tilde{\boldsymbol{\theta}}}_i \\
&= \Big(\sum_{l=1}^{N_i}\eta_{il}\boldsymbol{A}_{il}\boldsymbol{x}+\sum_{l=1}^{N_i}\eta_{il}\boldsymbol{w}_{il}+\sum_{l=1}^{N_i}\eta_{il}\boldsymbol{B}_{il}u_i\Big)^{\mathrm{T}}\boldsymbol{P}_i\boldsymbol{x}+ \\
&\quad \boldsymbol{x}^{\mathrm{T}}\boldsymbol{P}_i\Big(\sum_{l=1}^{N_i}\eta_{il}\boldsymbol{A}_{il}\boldsymbol{x}+\sum_{l=1}^{N_i}\eta_{il}\boldsymbol{w}_{il}+\sum_{l=1}^{N_i}\eta_{il}\boldsymbol{B}_{il}u_i\Big)+2\tilde{\boldsymbol{\theta}}_i^{\mathrm{T}}\boldsymbol{\Gamma}_i^{-1}\dot{\tilde{\boldsymbol{\theta}}}_i \\
&= \sum_{l=1}^{N_i}\eta_{il}\boldsymbol{x}^{\mathrm{T}}(\boldsymbol{A}_{il}^{\mathrm{T}}\boldsymbol{P}_i+\boldsymbol{P}_i\boldsymbol{A}_{il})\boldsymbol{x}+\Big(\sum_{l=1}^{N_i}\eta_{il}\boldsymbol{w}_{il}^{\mathrm{T}}\boldsymbol{P}_i\boldsymbol{x}+\boldsymbol{x}^{\mathrm{T}}\boldsymbol{P}_i\sum_{l=1}^{N_i}\eta_{il}\boldsymbol{w}_{il}\Big)+ \\
&\quad 2\tilde{\boldsymbol{\theta}}_i^{\mathrm{T}}\boldsymbol{\Gamma}_i^{-1}\dot{\tilde{\boldsymbol{\theta}}}_i+2\boldsymbol{x}^{\mathrm{T}}\boldsymbol{P}_i\Big(\sum_{l=1}^{N_i}\eta_{il}\boldsymbol{B}_{il}u_i\Big)
\end{aligned}$$

其中

$$\sum_{l=1}^{N_i}\eta_{il}\boldsymbol{w}_{il}^{\mathrm{T}}\boldsymbol{P}_i\boldsymbol{x}+\boldsymbol{x}^{\mathrm{T}}\boldsymbol{P}_i\sum_{l=1}^{N_i}\eta_{il}\boldsymbol{w}_{il} = \sum_{l=1}^{N_i}\eta_{il}(\boldsymbol{B}_{il}\bar{\boldsymbol{w}}_i)^{\mathrm{T}}\boldsymbol{P}_i\boldsymbol{x}+\boldsymbol{x}^{\mathrm{T}}\boldsymbol{P}_i\sum_{l=1}^{N_i}\eta_{il}(\boldsymbol{B}_{il}\bar{\boldsymbol{w}}_i)$$

$$\leqslant 2\left\| \sum_{l=1}^{N_i} \eta_{il} \ (\boldsymbol{B}_{il}\bar{\boldsymbol{w}}_i)^{\mathrm{T}}\boldsymbol{P}_i\boldsymbol{x} \right\|$$

$$\leqslant 2\left\| \sum_{l=1}^{N_i} \eta_{il}\boldsymbol{B}_{il}^{\mathrm{T}}\boldsymbol{P}_i\boldsymbol{x} \right\| \boldsymbol{\phi}_i^{\mathrm{T}}(\boldsymbol{x},t)\boldsymbol{\theta}_i^*$$

则可得到

$$\begin{aligned}
\dot{V}_i(\boldsymbol{x},\tilde{\boldsymbol{\theta}}_i) \leqslant\ & \sum_{l=1}^{N_i} \eta_{il}\boldsymbol{x}^{\mathrm{T}}(\boldsymbol{A}_{il}^{\mathrm{T}}\boldsymbol{P}_i + \boldsymbol{P}_i\boldsymbol{A}_{il})\boldsymbol{x} + \\
& 2\tilde{\boldsymbol{\theta}}_i^{\mathrm{T}}\boldsymbol{\Gamma}_i^{-1}\left(- r_i\boldsymbol{\Gamma}_i\tilde{\boldsymbol{\theta}}_i + \left\| \sum_{l=1}^{N_i} \eta_{il}\boldsymbol{x}^{\mathrm{T}}(t)\boldsymbol{P}_i\boldsymbol{B}_{il} \right\| \boldsymbol{\Gamma}_i\boldsymbol{\phi}_i(\boldsymbol{x},t) - r_i\boldsymbol{\Gamma}_i\boldsymbol{\theta}_i^* \right) - \\
& 2\boldsymbol{x}^{\mathrm{T}}\boldsymbol{P}_i\left(\sum_{l=1}^{N_i} \eta_{il}\boldsymbol{B}_{il} \frac{(\boldsymbol{\phi}_i^{\mathrm{T}}(\boldsymbol{x},t)\hat{\boldsymbol{\theta}}_i)^2\boldsymbol{B}_i^{\mathrm{T}}\boldsymbol{P}_i\boldsymbol{x}(t)}{\boldsymbol{\phi}_i^{\mathrm{T}}(\boldsymbol{x},t)\hat{\boldsymbol{\theta}}_i \parallel \boldsymbol{x}^{\mathrm{T}}(t)\boldsymbol{P}_i\boldsymbol{B}_i \parallel + \varepsilon_i} \right) + \\
& \left(2\left\| \sum_{l=1}^{N_i} \eta_{il}\boldsymbol{B}_{il}^{\mathrm{T}}\boldsymbol{P}_i\boldsymbol{x} \right\| \boldsymbol{\phi}_i^{\mathrm{T}}\boldsymbol{\theta}_i^* \right) \\
=\ & \sum_{l=1}^{N_i} \eta_{il}\boldsymbol{x}^{\mathrm{T}}(\boldsymbol{A}_{il}^{\mathrm{T}}\boldsymbol{P}_i + \boldsymbol{P}_i\boldsymbol{A}_{il})\boldsymbol{x} - 2r_i\tilde{\boldsymbol{\theta}}_i^{\mathrm{T}}\tilde{\boldsymbol{\theta}}_i + 2\tilde{\boldsymbol{\theta}}_i^{\mathrm{T}} \parallel \boldsymbol{x}^{\mathrm{T}}(t)\boldsymbol{P}_i\boldsymbol{B}_i \parallel \boldsymbol{\phi}_i - \\
& 2r_i\tilde{\boldsymbol{\theta}}_i^{\mathrm{T}}\boldsymbol{\theta}_i^* + 2 \parallel \boldsymbol{B}_i^{\mathrm{T}}\boldsymbol{P}_i\boldsymbol{x}(t) \parallel \boldsymbol{\phi}_i^{\mathrm{T}}\boldsymbol{\theta}_i^* - 2\left(\frac{(\boldsymbol{\phi}_i^{\mathrm{T}}(\boldsymbol{x},t)\hat{\boldsymbol{\theta}}_i)^2 \ \parallel \boldsymbol{B}_i^{\mathrm{T}}\boldsymbol{P}_i\boldsymbol{x}(t) \parallel^2}{\boldsymbol{\phi}_i^{\mathrm{T}}(\boldsymbol{x},t)\hat{\boldsymbol{\theta}}_i \parallel \boldsymbol{x}^{\mathrm{T}}(t)\boldsymbol{P}_i\boldsymbol{B}_i \parallel + \varepsilon_i} \right) \\
\leqslant\ & \sum_{l=1}^{N_i} \eta_{il}\boldsymbol{x}^{\mathrm{T}}(\boldsymbol{A}_{il}^{\mathrm{T}}\boldsymbol{P}_i + \boldsymbol{P}_i\boldsymbol{A}_{il})\boldsymbol{x} + 2 \parallel \boldsymbol{B}_i^{\mathrm{T}}\boldsymbol{P}_i\boldsymbol{x}(t) \parallel \boldsymbol{\phi}_i^{\mathrm{T}}\hat{\boldsymbol{\theta}}_i - \\
& 2\left(\frac{(\boldsymbol{\phi}_i^{\mathrm{T}}(\boldsymbol{x},t)\hat{\boldsymbol{\theta}}_i)^2 \ \parallel \boldsymbol{B}_i^{\mathrm{T}}\boldsymbol{P}_i\boldsymbol{x}(t) \parallel^2}{\boldsymbol{\phi}_i^{\mathrm{T}}(\boldsymbol{x},t)\hat{\boldsymbol{\theta}}_i \parallel \boldsymbol{B}_i^{\mathrm{T}}\boldsymbol{P}_i\boldsymbol{x}(t) \parallel + \varepsilon_i} \right) - 2r_i \ \parallel \tilde{\boldsymbol{\theta}}_i \parallel^2 + 2r_i \parallel \tilde{\boldsymbol{\theta}}_i \parallel \ \parallel \boldsymbol{\theta}_i^* \parallel
\end{aligned}$$

注意有下面不等式成立：

$$0 \leqslant \frac{ab}{a+b} < b, \quad \forall a \geqslant 0, \ b > 0$$

则有

$$2 \parallel \boldsymbol{B}_i^{\mathrm{T}}\boldsymbol{P}_i\boldsymbol{x}(t) \parallel \boldsymbol{\phi}_i^{\mathrm{T}}\hat{\boldsymbol{\theta}}_i - 2\left(\frac{(\boldsymbol{\phi}_i^{\mathrm{T}}(\boldsymbol{x}, \ t)\hat{\boldsymbol{\theta}}_i)^2 \ \parallel \boldsymbol{B}_i^{\mathrm{T}}\boldsymbol{P}_i\boldsymbol{x}(t) \parallel^2}{\boldsymbol{\phi}_i^{\mathrm{T}}(\boldsymbol{x}, \ t)\hat{\boldsymbol{\theta}}_i \parallel \boldsymbol{B}_i^{\mathrm{T}}\boldsymbol{P}_i\boldsymbol{x}(t) \parallel + \varepsilon_i} \right) \leqslant 2\varepsilon_i$$

同时有下面不等式成立：

$$\dot{V}_i(\boldsymbol{x},\tilde{\boldsymbol{\theta}}_i) \leqslant \sum_{l=1}^{N_i} \eta_{il}\boldsymbol{x}^{\mathrm{T}}(\boldsymbol{A}_{il}^{\mathrm{T}}\boldsymbol{P}_i + \boldsymbol{P}_i\boldsymbol{A}_{il})\boldsymbol{x} + 2\varepsilon_i - 2r_i \ \parallel \tilde{\boldsymbol{\theta}}_i \parallel^2 + 2r_i \parallel \tilde{\boldsymbol{\theta}}_i \parallel \ \parallel \boldsymbol{\theta}_i^* \parallel$$

$$\leqslant \sum_{l=1}^{N_i} \eta_{il} \boldsymbol{x}^{\mathrm{T}} (\boldsymbol{A}_{il}^{\mathrm{T}} \boldsymbol{P}_i + \boldsymbol{P}_i \boldsymbol{A}_{il}) \boldsymbol{x} + 2\varepsilon_i - r_i \| \tilde{\boldsymbol{\theta}}_i \|^2 + r_i \| \boldsymbol{\theta}_i^* \|^2$$

$$\leqslant \sum_{l=1}^{N_i} \eta_{il} \boldsymbol{x}^{\mathrm{T}} (-\boldsymbol{Q}_i) \boldsymbol{x} + 2\varepsilon_i - r_i \| \tilde{\boldsymbol{\theta}}_i \|^2 + r_i \| \boldsymbol{\theta}_i^* \|^2$$

$$\leqslant -\lambda_{\min}(\boldsymbol{Q}_i) \| \boldsymbol{x} \|^2 - r_i \| \tilde{\boldsymbol{\theta}}_i \|^2 + 2\varepsilon_i + r_i \| \boldsymbol{\theta}_i^* \|^2$$

$$\leqslant -c_i \| \tilde{\boldsymbol{x}} \|^2 + \tilde{\varepsilon}_i$$

所以有

$$\dot{V}_i(\tilde{\boldsymbol{x}}(t)) \leqslant -c_i \| \tilde{\boldsymbol{x}}(t) \|^2 + \tilde{\varepsilon}_i \tag{7.5}$$

这里有 $\tilde{\boldsymbol{x}}(t) = [\boldsymbol{x}^{\mathrm{T}}(t) \quad \tilde{\boldsymbol{\theta}}_i^{\mathrm{T}}]^{\mathrm{T}}$，$c_i = \lambda_{\min}(\boldsymbol{Q}_i)$，$\tilde{\varepsilon}_i = 2\varepsilon_i + r_i \| \boldsymbol{\theta}_i^* \|^2$.

考虑式(7.5)，所以控制器(7.3)可保证系统(7.1)在自适应律(7.4)和切换律 $\sigma(t)=i$ 下是一致终值有界的.

7.3　鲁棒自适应跟踪控制

在上一节讨论的基础上，本节进一步讨论一类具有不确定性的切换模糊系统的鲁棒跟踪问题.

7.3.1　不确定切换模糊系统的参考模型

考虑由以下 N_σ 条规则构成的不确定切换模糊系统，即切换系统中的每个子系统为不确定 T-S 模糊系统：

R_σ^l：If ξ_1 is $M_{\sigma 1}^l \cdots$ and ξ_p is $M_{\sigma p}^l$, then

$$\left.\begin{aligned} \dot{\boldsymbol{x}}(t) &= \boldsymbol{A}_{\sigma l} \boldsymbol{x}(t) + \boldsymbol{B}_{\sigma l} \boldsymbol{u}_\sigma(t) + \boldsymbol{w}_{\sigma l}(\boldsymbol{x}, t) \\ \boldsymbol{y}(t) &= \boldsymbol{C}_{\sigma l} \boldsymbol{x}(t) \quad (l = 1, 2, \cdots, N_\sigma) \end{aligned}\right\} \tag{7.6}$$

其中，σ：$[0, +\infty) \to \bar{M} = \{1, 2, \cdots, m\}$ 是一个待定的切换信号；$\boldsymbol{x}(t)$ 是状态变量；$\boldsymbol{y}(t)$ 是输出变量；$\boldsymbol{A}_{\sigma l}$，$\boldsymbol{B}_{\sigma l}$ 及 $\boldsymbol{C}_{\sigma l}$ 是第 σ 个子系统中适当维数的常数矩阵；$\boldsymbol{\xi} = [\xi_1 \quad \xi_2 \quad \cdots \quad \xi_p]$ 为前件变量.

对于第 i 个切换子系统：

R_i^l：If ξ_1 is $M_{i1}^l \cdots$ and ξ_p is M_{ip}^l, then

$$\dot{\boldsymbol{x}}(t) = \boldsymbol{A}_{il} \boldsymbol{x}(t) + \boldsymbol{B}_{il} u_i(t) + \boldsymbol{w}_{il}(\boldsymbol{x}, t)$$

$$\boldsymbol{y}(t)=\boldsymbol{C}_{il}\boldsymbol{x}(t)\quad (i=1,\ \cdots,\ m;\ l=1,\ 2,\ \cdots,\ N_i)$$

可以得到第 i 个切换子系统的全局模型：

$$\left.\begin{aligned}\dot{\boldsymbol{x}}(t) &= \sum_{l=1}^{N_i}\boldsymbol{\eta}_{il}(\boldsymbol{\xi}(t))[\boldsymbol{A}_{il}\boldsymbol{x}(t)+\boldsymbol{B}_{il}u_i(t)+\boldsymbol{w}_{il}(\boldsymbol{x},t)]\\ \boldsymbol{y}(t) &= \sum_{l=1}^{N_i}\boldsymbol{\eta}_{il}(\boldsymbol{\xi}(t))\boldsymbol{C}_{il}\boldsymbol{x}(t)\quad (i=1,\cdots,m)\end{aligned}\right\}\tag{7.7}$$

其中，$0\leqslant\boldsymbol{\eta}_{il}(\boldsymbol{\xi}(t))\leqslant 1$，$\sum_{l=1}^{N_i}\boldsymbol{\eta}_{il}(\boldsymbol{\xi}(t))=1$.

针对系统(7.6)，下面考虑参考模型.

假设给定的参考模型为

$$\left.\begin{aligned}\dot{\hat{\boldsymbol{x}}}(t) &= \hat{\boldsymbol{A}}\hat{\boldsymbol{x}}(t)\\ \hat{\boldsymbol{y}}(t) &= \hat{\boldsymbol{C}}\hat{\boldsymbol{x}}(t)\end{aligned}\right\}\tag{7.8}$$

其中，$\hat{\boldsymbol{x}}(t)$是参考模型的状态向量；$\hat{\boldsymbol{y}}(t)$是参考模型的输出向量；$\hat{\boldsymbol{A}}$ 和 $\hat{\boldsymbol{C}}$ 是已知适当维数的常数矩阵. 这里，$\hat{\boldsymbol{y}}(t)$与$\boldsymbol{y}(t)$具有相同的维数，而且有

$$\sum_{l=1}^{N_i}\boldsymbol{\eta}_{il}\begin{bmatrix}\boldsymbol{A}_{il} & \boldsymbol{B}_{il}\\ \boldsymbol{C}_{il} & \boldsymbol{O}\end{bmatrix}\begin{bmatrix}\boldsymbol{G}_i\\ \boldsymbol{H}_i\end{bmatrix}=\sum_{l=1}^{N_i}\boldsymbol{\eta}_{il}\begin{bmatrix}\boldsymbol{G}_i\hat{\boldsymbol{A}}\\ \hat{\boldsymbol{C}}\end{bmatrix}\quad (i=1,\cdots,m;l=1,2,\cdots,N_i)$$

其中，$\boldsymbol{G}_i$ 和 $\boldsymbol{H}_i$ 是可选择的适当维数的常数矩阵.

本章考虑的跟踪控制问题，就是设计系统(7.6)的各个子系统的控制器 u_i 和切换律 $\sigma(t)$，使系统(7.6)的输出 $\boldsymbol{y}(t)$ 跟踪一个参考模型(7.8)的输出 $\hat{\boldsymbol{y}}(t)$.

7.3.2 控制器和切换律设计方案

定义跟踪误差

$$\boldsymbol{e}(t)=\boldsymbol{y}(t)-\hat{\boldsymbol{y}}(t)\tag{7.9}$$

以及定义一个新的状态向量

$$\boldsymbol{z}(t)=\boldsymbol{x}(t)-\boldsymbol{G}_i\hat{\boldsymbol{x}}(t)\quad (i=1,\ \cdots,\ m)\tag{7.10}$$

设计各个子系统的控制器为如下形式：

$$u_i(t)=\boldsymbol{H}_i\hat{\boldsymbol{x}}(t)+\tilde{p}_i(t)\quad (i=1,\ \cdots,\ m)\tag{7.11}$$

其中，$\tilde{p}_i(t)$是待设计的辅助控制函数.

将式(7.9)和式(7.10)联立，可以得到

$$\boldsymbol{e}(t)=\boldsymbol{y}(t)-\hat{\boldsymbol{y}}(t)=\sum_{l=1}^{N_i}\boldsymbol{\eta}_{il}\boldsymbol{C}_{il}\boldsymbol{z}(t) \tag{7.12}$$

将式(7.7)和式(7.8)代入式(7.10)，可得到不确定切换模糊闭环辅助系统：

$$\begin{aligned}\dot{\boldsymbol{z}}(t)&=\dot{\boldsymbol{x}}(t)-\boldsymbol{G}_i\dot{\hat{\boldsymbol{x}}}(t)\\&=\sum_{l=1}^{N_i}\boldsymbol{\eta}_{il}[\boldsymbol{A}_{il}\boldsymbol{x}(t)+\boldsymbol{B}_{il}(\boldsymbol{H}_i\hat{\boldsymbol{x}}(t)+\tilde{p}_i(t))]+\sum_{l=1}^{N_i}\boldsymbol{\eta}_{il}\boldsymbol{w}_{il}(\boldsymbol{x},t)-\sum_{l=1}^{N_i}\boldsymbol{\eta}_{il}\boldsymbol{G}_i\hat{\boldsymbol{A}}\hat{\boldsymbol{x}}(t)\\&=\sum_{l=1}^{N_i}\boldsymbol{\eta}_{il}\boldsymbol{A}_{il}(\boldsymbol{x}(t)-\boldsymbol{G}_i\hat{\boldsymbol{x}}(t))+\sum_{l=1}^{N_i}\boldsymbol{\eta}_{il}\boldsymbol{w}_{il}(\boldsymbol{x},t)+\sum_{l=1}^{N_i}\boldsymbol{\eta}_{il}\boldsymbol{B}_{il}\tilde{p}_i(t)\\&=\sum_{l=1}^{N_i}\boldsymbol{\eta}_{il}\boldsymbol{A}_{il}\boldsymbol{z}(t)+\sum_{l=1}^{N_i}\boldsymbol{\eta}_{il}\boldsymbol{w}_{il}(\boldsymbol{x},t)+\sum_{l=1}^{N_i}\boldsymbol{\eta}_{il}\boldsymbol{B}_{il}\tilde{p}_i(t)\end{aligned} \tag{7.13}$$

定理 7.2　考虑不确定切换模糊辅助系统(7.13)．在假设 7.1 下，如果存在同时非负或同时非正的实数 $\beta_{ij}(i,\ j\in\bar{M})$ 及正定对称矩阵 $\boldsymbol{P}_i$、正定对称矩阵 $\boldsymbol{Q}_i$，使得矩阵不等式组

$$\boldsymbol{A}_{ij_i}^{\mathrm{T}}\boldsymbol{P}_i+\boldsymbol{P}_i\boldsymbol{A}_{ij_i}+\boldsymbol{Q}_i+\sum_{j=1}^{m}\beta_{ij}(\boldsymbol{P}_i-\boldsymbol{P}_j)<0\quad(j_i=1,2,\cdots,N_i;i=1,\cdots,m) \tag{7.14}$$

成立，则存在鲁棒自适应控制器和切换函数 $\sigma(t)=i$，使闭环辅助系统(7.13)是一致有界的，且跟踪误差(7.9)一致渐近趋于零.

证明　取鲁棒自适应控制器(7.11)，即

$$u_i(t)=\boldsymbol{H}_i\hat{\boldsymbol{x}}(t)+\tilde{p}_i(t)\quad(i=1,\ \cdots,\ m)$$

其中

$$\tilde{p}_i(t)=-\frac{(\boldsymbol{\phi}_i^{\mathrm{T}}(\boldsymbol{x},\ t)\hat{\boldsymbol{\theta}}_i)^2\boldsymbol{B}_i^{\mathrm{T}}\boldsymbol{P}_i\boldsymbol{z}(t)}{\boldsymbol{\phi}_i^{\mathrm{T}}(\boldsymbol{x},\ t)\hat{\boldsymbol{\theta}}_i\|\boldsymbol{z}^{\mathrm{T}}(t)\boldsymbol{P}_i\boldsymbol{B}_i\|+\varepsilon_i(t)}\quad(i=1,\ \cdots,\ m)$$

其中，$\boldsymbol{B}_i=\sum_{l=1}^{N_i}\eta_{il}(\xi)\boldsymbol{B}_{il}$；$\varepsilon_i(t)$ 是任意正的一致连续有界函数，且满足 $\lim_{t\to\infty}\int_{t_0}^{\mathrm{T}}\varepsilon_i(\tau)\mathrm{d}\tau\leqslant\bar{\varepsilon}_i<+\infty$，$\varepsilon_i(t)>1$.

自适应律设计为

$$\dot{\hat{\boldsymbol{\theta}}}_i = -r_i\boldsymbol{\Gamma}_i\hat{\boldsymbol{\theta}}_i + \left\|\sum_{l=1}^{N_i}\eta_{il}\boldsymbol{z}^{\mathrm{T}}(t)\boldsymbol{P}_i\boldsymbol{B}_{il}\right\|\boldsymbol{\Gamma}_i\boldsymbol{\phi}_i(\boldsymbol{x},t)\quad (i=1,\cdots,m) \tag{7.15}$$

其中，r_i 是正的常数；$\boldsymbol{\Gamma}_i$ 是正定对称矩阵；$\hat{\boldsymbol{\theta}}_i=\boldsymbol{\theta}_i^*+\tilde{\boldsymbol{\theta}}_i$，$\hat{\boldsymbol{\theta}}_i$ 是 $\boldsymbol{\theta}_i^*$ 的估计值. r_i 和 $\boldsymbol{\Gamma}_i$ 是所要设计的参数.

类似于定理 7.1 的证明，不妨设 β_{ij} 同为非负. 显然，对于 $\forall \boldsymbol{z}(t)\in\mathbf{R}^n\setminus\{0\}$，必有一个 $i\in\bar{M}$，使得 $\boldsymbol{z}^{\mathrm{T}}(t)(\boldsymbol{P}_i-\boldsymbol{P}_j)\boldsymbol{z}(t)\geqslant 0$，$\forall j\in\bar{M}$. 则由矩阵不等式组(7.14)可知，对于此向量，有

$$\boldsymbol{z}^{\mathrm{T}}(t)(\boldsymbol{A}_{ij_i}^{\mathrm{T}}\boldsymbol{P}_i+\boldsymbol{P}_i\boldsymbol{A}_{ij_i}+\boldsymbol{Q}_i)\boldsymbol{z}(t)<0\quad (j_i=1,\ 2,\ \cdots,\ N_i)$$

于是对于任意的 $i\in\bar{M}$，令 $\Omega_i=\{z\in\mathbf{R}^n\setminus\{0\}\mid z^{\mathrm{T}}(\boldsymbol{P}_i-\boldsymbol{P}_j)z\geqslant 0,\ \forall j\in\bar{M}\}$，则 $\bigcup_{i=1}^{m}\Omega_i=\mathbf{R}^n\setminus\{0\}$. 构造集合 $\bar{\Omega}_1=\Omega_1$，…，$\bar{\Omega}_i=\Omega_i-\bigcup_{j=1}^{i-1}\bar{\Omega}_j$，…，$\bar{\Omega}_m=\Omega_m-\bigcup_{j=1}^{m-1}\bar{\Omega}_j$，显然有 $\bigcup_{i=1}^{m}\bar{\Omega}_i=\mathbf{R}^n\setminus\{0\}$，且 $\bar{\Omega}_i\cap\bar{\Omega}_j=\varnothing$，$i\neq j$.

这里取 Lyapunov 函数为

$$V_i(z,\ \tilde{\boldsymbol{\theta}}_i)=\boldsymbol{z}^{\mathrm{T}}\boldsymbol{P}_i\boldsymbol{z}+\tilde{\boldsymbol{\theta}}_i^{\mathrm{T}}\boldsymbol{\Gamma}_i^{-1}\tilde{\boldsymbol{\theta}}_i \tag{7.16}$$

其中，$\boldsymbol{P}_i$ 为满足(7.14)的对称正定矩阵，$i=1$，…，m.

构造切换律 $\sigma(t)=i$，当 $z(t)\in\bar{\Omega}_i$ 时，则

$$\begin{aligned}
\dot{V}_i(z,\tilde{\boldsymbol{\theta}}_i) &= \dot{\boldsymbol{z}}^{\mathrm{T}}\boldsymbol{P}_i\boldsymbol{z}+\boldsymbol{z}^{\mathrm{T}}\boldsymbol{P}_i\dot{\boldsymbol{z}}+2\tilde{\boldsymbol{\theta}}_i^{\mathrm{T}}\boldsymbol{\Gamma}_i^{-1}\dot{\tilde{\boldsymbol{\theta}}}_i\\
&= \sum_{l=1}^{N_i}\eta_{il}\boldsymbol{z}^{\mathrm{T}}(\boldsymbol{A}_{il}^{\mathrm{T}}\boldsymbol{P}_i+\boldsymbol{P}_i\boldsymbol{A}_{il})\boldsymbol{z}+\Big(\sum_{l=1}^{N_i}\eta_{il}\boldsymbol{w}_{il}^{\mathrm{T}}\boldsymbol{P}_i\boldsymbol{z}+\boldsymbol{z}^{\mathrm{T}}\boldsymbol{P}_i\sum_{l=1}^{N_i}\eta_{il}\boldsymbol{w}_{il}\Big)+\\
&\quad 2\tilde{\boldsymbol{\theta}}_i^{\mathrm{T}}\boldsymbol{\Gamma}_i^{-1}\dot{\tilde{\boldsymbol{\theta}}}_i+2\boldsymbol{z}^{\mathrm{T}}\boldsymbol{P}_i\Big(\sum_{l=1}^{N_i}\eta_{il}\boldsymbol{B}_{il}\tilde{p}_i\Big)\\
&\leqslant \sum_{l=1}^{N_i}\eta_{il}\boldsymbol{z}^{\mathrm{T}}(\boldsymbol{A}_{il}^{\mathrm{T}}\boldsymbol{P}_i+\boldsymbol{P}_i\boldsymbol{A}_{il})\boldsymbol{z}+2\varepsilon_i(t)-2r_i\|\tilde{\boldsymbol{\theta}}_i\|^2+2r_i\|\tilde{\boldsymbol{\theta}}_i\|\|\boldsymbol{\theta}_i^*\|\\
&\leqslant \boldsymbol{z}^{\mathrm{T}}(-Q_i)\boldsymbol{z}+2\varepsilon_i(t)-r_i\|\tilde{\boldsymbol{\theta}}_i\|^2+r_i\varepsilon_i(t)\|\boldsymbol{\theta}_i^*\|^2\\
&\leqslant -\lambda_{\min}(\boldsymbol{Q}_i)\|z\|^2-r_i\|\tilde{\boldsymbol{\theta}}_i\|^2+\varepsilon_i(t)(2+r_i\|\boldsymbol{\theta}_i^*\|^2)\\
&\leqslant -\tilde{c}_i\|\boldsymbol{z}\|^2+\tilde{\varepsilon}_i(t)
\end{aligned}$$

所以有

$$\dot{V}_i(\tilde{z}(t))\leqslant -\tilde{c}_i\|z(t)\|^2+\tilde{\varepsilon}_i(t)$$

这里有 $\tilde{z}(t)=[z^{\mathrm{T}}(t)\quad \tilde{\boldsymbol{\theta}}_i^{\mathrm{T}}]^{\mathrm{T}}$，$\tilde{c}_i=\lambda_{\min}(\boldsymbol{Q}_i)$，$\tilde{\varepsilon}_i(t)=\varepsilon_i(t)\bar{\sigma}_i$，$\bar{\sigma}_i=2+r_i\|\boldsymbol{\theta}_i^*\|^2$.

对于所取的 Lyapunov 函数(7.16)，一定存在正的常数 $\delta_{i\min}$ 和 $\delta_{i\max}$，在任意的 $t \geqslant t_0$ 时刻，使得

$$\tilde{\gamma}_{i1}(\|\tilde{z}(t)\|) \leqslant V_i(\tilde{z}(t)) \leqslant \tilde{\gamma}_{i2}(\|\tilde{z}(t)\|)$$

这里，$\tilde{\gamma}_{i1}(\|\tilde{z}(t)\|) = \delta_{i\min}\|\tilde{z}(t)\|^2$，$\tilde{\gamma}_{i2}(\|\tilde{z}(t)\|) = \delta_{i\max}\|\tilde{z}(t)\|^2$.

对于任意的 $t \geqslant t_0$，可以得到

$$\begin{aligned} 0 \leqslant \tilde{\gamma}_{i1}(\|\tilde{z}(t)\|) \leqslant V_i(\tilde{z}(t)) &= V_i(\tilde{z}(t_0)) + \int_{t_0}^{\mathrm{T}} \dot{V}_i(z(\tau))\mathrm{d}\tau \\ &\leqslant \tilde{\gamma}_{i2}(\|\tilde{z}(t_0)\|) - \int_{t_0}^{\mathrm{T}} \tilde{\gamma}_{i3}(\|z(\tau)\|)\mathrm{d}\tau + \int_{t_0}^{\mathrm{T}} \tilde{\varepsilon}_i(\tau)\mathrm{d}\tau \end{aligned} \tag{7.17}$$

其中，$\tilde{\gamma}_{i3}(\|z(t)\|)$定义为

$$\tilde{\gamma}_{i3}(\|z(t)\|) = \tilde{c}_i\|z(t)\|^2$$

因此，由式(7.17)可以得到下面两个结论.

① 对式(7.17)两端对 t 取极限，得到

$$0 \leqslant \tilde{\gamma}_{i2}(\|\tilde{z}(t_0)\|) - \lim_{t\to+\infty}\int_{t_0}^{\mathrm{T}} \tilde{\gamma}_{i3}(\|z(\tau)\|)\mathrm{d}\tau + \lim_{t\to+\infty}\int_{t_0}^{\mathrm{T}} \tilde{\varepsilon}_i(\tau)\mathrm{d}\tau$$

因为 $\lim\limits_{t\to+\infty}\int_{t_0}^{\mathrm{T}} \varepsilon_i(\tau)\mathrm{d}\tau \leqslant \bar{\varepsilon}_i < +\infty$，所以

$$\lim_{t\to+\infty}\int_{t_0}^{\mathrm{T}} \tilde{\gamma}_{i3}(\|z(\tau)\|)\mathrm{d}\tau \leqslant \tilde{\gamma}_{i2}(\|\tilde{z}(t_0)\|) + \bar{\sigma}_i\bar{\varepsilon}_i \tag{7.18}$$

② 由式(7.17)还可以得到

$$0 \leqslant \tilde{\gamma}_{i1}(\|\tilde{z}(t)\|) \leqslant \tilde{\gamma}_{i2}(\|\tilde{z}(t_0)\|) + \int_{t_0}^{\mathrm{T}} \tilde{\varepsilon}_i(\tau)\mathrm{d}\tau \tag{7.19}$$

注意到对任意的 $t \geqslant t_0$，有

$$\sup_{t\in[t_0,+\infty)}\int_{t_0}^{\mathrm{T}} \tilde{\varepsilon}_i(\tau)\mathrm{d}\tau \leqslant \bar{\sigma}_i\bar{\varepsilon}_i \tag{7.20}$$

那么，由式(7.19)和式(7.20)，有

$$0 \leqslant \tilde{\gamma}_{i1}(\|\tilde{z}(t)\|) \leqslant \tilde{\gamma}_{i2}(\|\tilde{z}(t_0)\|) + \bar{\sigma}_i\bar{\varepsilon}_i$$

易知 $\tilde{z}(t)$是一致有界的. 又由于 $\tilde{z}(t)$是连续的，则说明 $\tilde{z}(t)$是一致连续的，即 $z(t)$是一致连续的. 因此，$\tilde{\gamma}_{i3}(\|z(t)\|)$也是一致连续的.

由式(7.18)，可以得到

$$\lim_{t\to+\infty}\tilde{\gamma}_{i3}(\|z(t)\|) = 0$$

由于 $\tilde{\gamma}_{i3}(\bullet)$是一个正的函数，因此可以得到

$$\lim_{t\to\infty}\|z(t)\|=0$$

也就是说，闭环辅助系统(7.13)是一致有界的，辅助状态 $z(t)$ 一致渐近趋于零. 即对于辅助状态 $z(t)$，有 $\lim\limits_{t\to+\infty}z(t)=0$，那么由式(7.12)可得跟踪误差 $\lim\limits_{t\to+\infty}\boldsymbol{e}(t)=\boldsymbol{0}$，即系统输出实现对参考输出的跟踪.

当 β_{ij} 同为非正实数时，同理可证. 综上可知，定理 7.2 成立.

7.4　仿真例子

考虑由例 3.1 给出的基于模糊状态方程设计的房间空气调节系统，经坐标变换将其转化为原点为平衡点的系统. 设计冗余电路，将系统的模糊模型转化为如下的切换模糊模型：

R_1^1：If $z(t)$ is $\boldsymbol{M}_{11}^1$, then $\dot{\boldsymbol{x}}(t)=\boldsymbol{A}_{11}\boldsymbol{x}(t)+\boldsymbol{B}_{11}[u_1(t)+\bar{w}_1]$, $\boldsymbol{y}=\boldsymbol{C}_{11}\boldsymbol{x}$

R_1^2：If $z(t)$ is $\boldsymbol{M}_{11}^2$, then $\dot{\boldsymbol{x}}(t)=\boldsymbol{A}_{12}\boldsymbol{x}(t)+\boldsymbol{B}_{12}[u_1(t)+\bar{w}_1]$, $\boldsymbol{y}=\boldsymbol{C}_{12}\boldsymbol{x}$

R_2^1：If $z(t)$ is $\boldsymbol{M}_{21}^1$, then $\dot{\boldsymbol{x}}(t)=\boldsymbol{A}_{21}\boldsymbol{x}(t)+\boldsymbol{B}_{21}[u_2(t)+\bar{w}_2]$, $\boldsymbol{y}=\boldsymbol{C}_{21}\boldsymbol{x}$

R_2^2：If $z(t)$ is $\boldsymbol{M}_{21}^2$, then $\dot{\boldsymbol{x}}(t)=\boldsymbol{A}_{22}\boldsymbol{x}(t)+\boldsymbol{B}_{22}[u_2(t)+\bar{w}_2]$, $\boldsymbol{y}=\boldsymbol{C}_{22}\boldsymbol{x}$

其中

$$\boldsymbol{A}_{11}=\begin{bmatrix}-10 & -20.01\\ 9.3 & -1.0493\end{bmatrix},\quad \boldsymbol{B}_{11}=\begin{bmatrix}0\\1\end{bmatrix}$$

$$\boldsymbol{A}_{12}=\begin{bmatrix}-0.02 & -10\\ 32 & -4.529\end{bmatrix},\quad \boldsymbol{B}_{12}=\begin{bmatrix}0\\1\end{bmatrix}$$

$$\boldsymbol{A}_{21}=\begin{bmatrix}-10 & -1\\ 10 & -0.1\end{bmatrix},\quad \boldsymbol{B}_{21}=\begin{bmatrix}0\\1\end{bmatrix}$$

$$\boldsymbol{A}_{22}=\begin{bmatrix}-98 & -0.8\\ 1.8 & -0.9\end{bmatrix},\quad \boldsymbol{B}_{22}=\begin{bmatrix}0\\1\end{bmatrix}$$

$$\boldsymbol{C}_{11}=\boldsymbol{C}_{12}=[1\quad 1],\quad \boldsymbol{C}_{21}=\boldsymbol{C}_{22}=[1\quad 0]$$

$$\bar{w}_1=(x_1+x_2^2)\sin x_1,\quad \bar{w}_2=(x_1+x_2^2)\cos x_1$$

隶属度函数分别为

$$\mu_{M_{11}^1}(z(t))=\frac{1}{1+\mathrm{e}^{-2z(t)}},\quad \mu_{M_{11}^2}(z(t))=1-\mu_{M_{11}^1}$$

$$\mu_{M_{21}^1}(z(t))=\frac{1}{1+\mathrm{e}^{-2(z(t)-0.3)}},\quad \mu_{M_{21}^2}(z(t))=1-\mu_{M_{21}^1}$$

现在取

$$\boldsymbol{G}_1=\boldsymbol{G}_2=\begin{bmatrix}1 & 0\\0 & 1\end{bmatrix},\quad \boldsymbol{H}_1=\boldsymbol{H}_2=[0\quad 0]$$

取控制器 $u_i(t)=\boldsymbol{H}_i\hat{\boldsymbol{x}}(t)+\tilde{p}_i(t)\ (i=1,\ \cdots,\ m)$. 其中

$$\tilde{p}_i(t)=-\frac{(\boldsymbol{\phi}_i^{\mathrm{T}}(\boldsymbol{x},\ t)\hat{\boldsymbol{\theta}}_i)^2\boldsymbol{B}_i^{\mathrm{T}}\boldsymbol{P}_i z(t)}{\boldsymbol{\phi}_i^{\mathrm{T}}(\boldsymbol{x},\ t)\hat{\boldsymbol{\theta}}_i\|z^{\mathrm{T}}(t)\boldsymbol{P}_i\boldsymbol{B}_i\|+\varepsilon_i(t)}\quad(i=1,\ \cdots,\ m)$$

控制器参数取为

$$\phi_1=|(x_1+x_2^2)\sin x_1|$$

$$\phi_2=|(x_1+x_2^2)\cos x_1|$$

$$\varepsilon_1(t)=\varepsilon_2(t)=\exp\{-0.5t\}+1$$

对于自适应律(7.15)，取自适应参数为

$$r_1=r_2=0.01,\quad \boldsymbol{\Gamma}_1=\boldsymbol{\Gamma}_2=[0.02]$$

由定理 7.2，对于

$$\boldsymbol{A}_{ij_i}^{\mathrm{T}}\boldsymbol{P}_i+\boldsymbol{P}_i\boldsymbol{A}_{ij_i}+\boldsymbol{Q}_i+\sum_{j=1}^{m}\beta_{ij}(\boldsymbol{P}_i-\boldsymbol{P}_j)<0\quad(j_i=1,2,i=1,2)$$

令 $\beta_{ij}=1$，应用 Matlab 解定理 7.2 中的式(7.14)，可得

$$\boldsymbol{P}_1=\begin{bmatrix}0.0094 & 0.0021\\0.0021 & 0.0032\end{bmatrix},\quad \boldsymbol{P}_2=\begin{bmatrix}0.2969 & 0.0256\\0.0256 & 0.2215\end{bmatrix}$$

$$\boldsymbol{Q}_1=\begin{bmatrix}0.0981 & 0.0022\\0.0022 & 0.5423\end{bmatrix},\quad \boldsymbol{Q}_2=\begin{bmatrix}0.0672 & 0.0013\\0.0013 & 0.0754\end{bmatrix}$$

令

$$\Omega_1=\{z(t)\in\mathbf{R}^n\mid z(t)^{\mathrm{T}}(\boldsymbol{P}_1-\boldsymbol{P}_2)z(t)\geqslant 0,\ z(t)\neq\mathbf{0}\}$$

$$\Omega_2=\{z(t)\in\mathbf{R}^n\mid z(t)^{\mathrm{T}}(\boldsymbol{P}_2-\boldsymbol{P}_1)z(t)\geqslant 0,\ z(t)\neq\mathbf{0}\}$$

则 $\Omega_1\cup\Omega_2=\mathbf{R}^n\setminus\{0\}$. 下面给出切换律的设计：

$$\sigma(t)=\begin{cases}1, & z(t)\in\Omega_1\\2, & z(t)\in\Omega_2\setminus\Omega_1\end{cases}\tag{7.21}$$

那么，闭环辅助系统(7.13)在切换律(7.21)下是一致有界的，且跟踪误差(7.9)一致渐近趋于零.

利用 Matlab 仿真，对初始点[-3，0]，仿真结果如图 7.1 和图 7.2 所示.

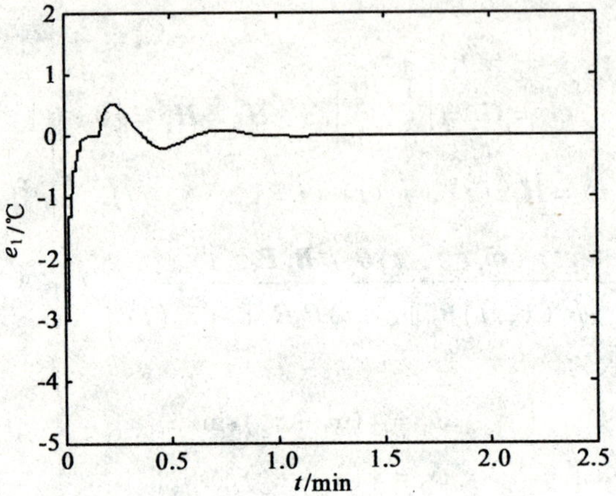

图 7.1　根据定理 7.2 得到的温度误差曲线

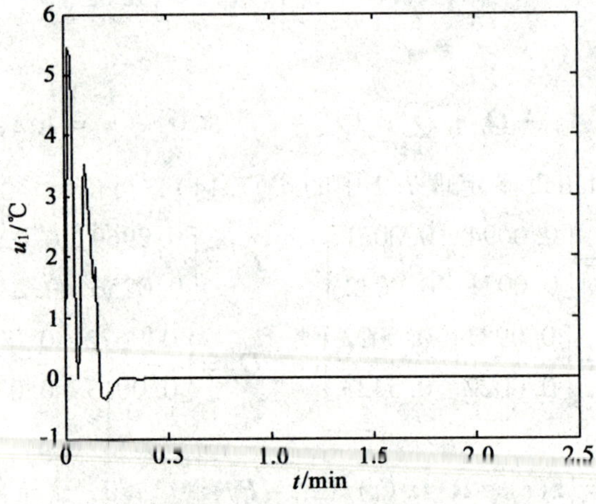

图 7.2　根据定理 7.2 得到的温度控制曲线

若采用传统的 PDC 模糊控制器设计方法，其控制器表示为 $u_i(t) = \sum_{l=1}^{N_i} \eta_{il} \boldsymbol{K}_{il} \boldsymbol{x}(t)$，选择与图 7.1 和图 7.2 相同的模糊系统，同时取相同的初始点[-3，0]，仿真结果如图 7.3 和图 7.4 所示.

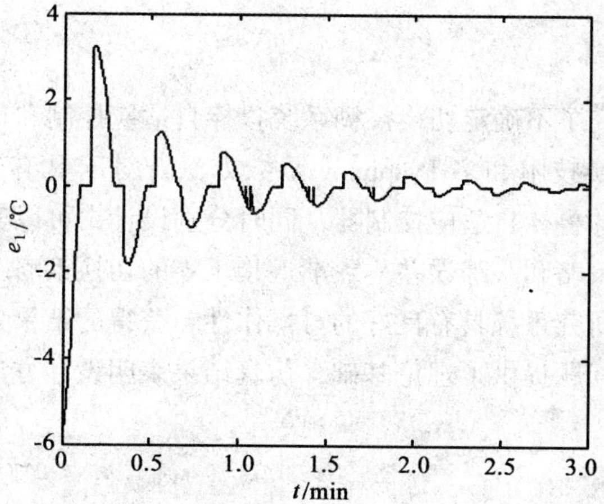

图 7.3　由传统 PDC 模糊控制器得到的温度误差曲线

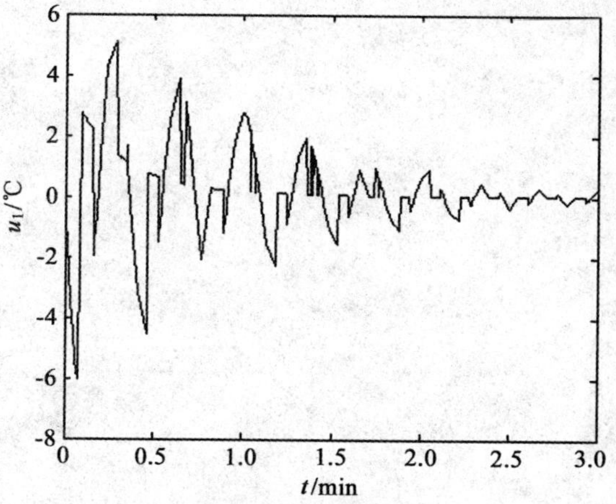

图 7.4　由传统 PDC 模糊控制器得到的温度控制曲线

通过比较可以看出，图 7.1 和图 7.2 的暂态性能指标要明显好于图 7.3 和图 7.4.

7.5　结　论

本章主要研究了不确定切换模糊系统鲁棒自适应控制和鲁棒自适应跟踪控制问题. 使用切换技术和多 Lyapunov 函数方法，对于具有未知上界的干扰，分别构造出相应的鲁棒自适应控制器. 同时分别设计出可以实现闭环系统一致终值有界的切换策略和跟踪误差一致渐近趋于零的切换策略. 设计的鲁棒自适应控制器，使所研究系统具有良好的可操作性. 获得的结果为切换系统和自适应控制结合研究问题提供了理论基础. 仿真结果表明设计方法的可行性与有效性.

参考文献

[1] 莫以为,萧德云. 混合动态系统及其应用综述[J]. 控制理论与应用,2002,19 (1): 1-8.

[2] Witsenhausen H S. A class of hybrid-state continuous-time dynamic systems [J]. IEEE Trans. Automat. Contr. ,1966,11(6):665-683.

[3] Cellier F E. Combined continuous/discrete system simulation by use of digital computer: techniques and tools[D]. Zurich: Swiss Federal Institute of Technology,1979.

[4] Gollu A,Varaiya P P. Hybrid dynamical systems[C]. Proceedings of the 28th Conference on Decision & Control. Tampa,1989:2708-2712.

[5] Chase C,Serrano J,Ramadge P J. Periodicity and chaos from switched flow systems: contrasting examples of discretely controlled continuous systems [J]. IEEE Trans. Automat. Contr. ,1993,38(1): 70-83.

[6] Yang X J,Lemmon M D,Antsaklis P J. On the supernal controllable sublanguage in the discrete-event model of nondeterministic hybrid control systems [J]. IEEE Trans. Automat. Contr. ,1995,40(12): 2098-2103.

[7] Yu G X,Vakili P. Periodic and chaotic dynamics of a switched-server system under corridor policies [J]. IEEE Trans. Automat. Contr. ,1996,41(4): 584-588.

[8] Walther U,Georgiou T T,Tannenbaum A. On the computation of switching surfaces in optimal control: a Grobner basis approach [J]. IEEE Trans. Automat. Contr. ,2001,46(4): 534-540.

[9] Cassaandras C G,Pepyne D L,Wardi Y. Optimal control of a class of hybrid systems[J]. IEEE Trans. Automat. Contr. ,2001,46(3): 398-415.

[10] Guckenheimer J. A robust hybrid stabilization strategy for equilibria[J]. IEEE Trans. Automat. Contr. ,1995,40(2): 321-326.

[11] Sen M D L. On the robust adaptive stabilization of class of nominally first-order hybrid systems[J]. IEEE Trans. Automat. Contr. ,1999,44(3): 597-602.

[12] Pettersson S. Analysis and design of hybrid systems[D]. Sweden: Phd Thesis Chalmers University of Technology,Goteborg,1999.

[13] Branicky M S,Borkar V S,Mitter S K. A unified framework for hybrid control: background,model and theory[C]//Proc. of the 33rd conf. on decision and control. Lake Buena Vista,1994:4228-4234.

[14] Branicky M S. Studied in hybrid systems: modeling, analysis and control [D]. LIDS,Massachusetts Institute of Tehndogy,1995.

[15] 张霄力. 切换系统的稳定性与鲁棒镇定[D]. 沈阳:东北大学,2001.

[16] Peleties P A. Modeling and design of interacting continuous-time/discrete event systems[D]. West Lafayette: Purdue Univ. ,1992.

[17] Xu X, Antsaklis P J. Design of stabilizing control laws for second-order switched systems[C]// 14th World Congress of IFAC. Beijing,1999:181-186.

[18] Li Z G,Wen C Y,Soh Y C. Stability of perturbed switched nonlinear systems [C]// Proc. American Control Conference. San Diego,1999:2969-2973.

[19] Bo H,Xu P,Antsaklis P J,et al. Robust stabilizing control laws for a class of second-order switched systems [J]. Systems & Control Letters,1999,38: 197-207.

[20] Pogromsky A Y,Jirstrand M,Spangeus P. On stability and passivity of a class of hybrid systems[C]// Proc. 37th IEEE Conf. Decision and Control. Tampa, 1998:3705-3710.

[21] Beldiman O,Bushnell L. Stability,linearization and control of switched systems[C]// Proc. American Control Conference. San Diego,1999:2950-2954.

[22] Pettersson S,Lennartson B. Stability and robustness for hybrid systems [C]//

Proc. 35th IEEE Conf. Decision and Control. Kobe, 1996:1202-1207.

[23] Liberzon D, Morse A S. Basic problems in stability and design of switched systems[J]. IEEE Control System Magazine, 1999, 19(5): 59-70.

[24] Dayawansa W P, Martin C F. A converse Lyapunov theorem for a class of dynamical systems which undergo switching [J]. IEEE Trans. on Automatic Control, 1999, 44(4): 751-760.

[25] Mancilla-Aguilar J L, Garcia R A. A converse Lyapunov theorem for nonlinear switched systems[J]. Systems & Control Letters, 2000, 41(1): 67-71.

[26] Molchanov A P, Pyatnitskiy Y S. Criteria of absolute stability of differential and difference inclusions encountered in control theory [J]. Syst. Contr. Lett., 1989, 13(1): 59-64.

[27] Shorten R N, Narendra K S. A sufficient condition for the existence of a common Lyapunov function for two second-order linear systems[C]// Proceeding of 36th Conference on Decision and Control. Phoenix, 1997:3521-3522.

[28] Narendra K S, Balakrishnan J. A common Lyapunov function for stable LTI systems with commuting A-matrices [J]. IEEE Trans. on Automatic Control, 1994, 39(12): 2469-2471.

[29] Morse A S. Supervisory control of families of linear set-point controller (part 1): exact matching[J]. IEEE Trans. Automat. Contr., 1996, 41(10): 1413-1431.

[30] Hespanha J P, Morse A S. Stability of switched systems with average dwell-time[C]// proceeding of 38th Conference on Decision and Control. Phoenix,. 1999:2655-2660.

[31] Peleties P, deCarlo R A. Asymptotic stability of *m*-switched systems using Lyapunov-like functions [C]// Proc. American Control Conference. Boston, 1991:1679-1684.

[32] Branicky M S. Multiple Lyapunov functions and other analysis tools for switched and hybrid system[J]. IEEE Trans. Automat. Contr., 1998, 43(4): 475-482.

[33] Branicky M S. Stability of switched and hybridsystem [C]// Proc. IEEE

Conf. Decision and Control. Lake Buena, 1994: 3498-3505.

[34] Ye H, Michel A N, Hou L. Stability theroy for hybrid dynamical systems [C]// Proc. 34th IEEE conf. Decision and Control. New Orleans, 1995: 2679-2684.

[35] Ye H, Michel A N, Hou L. Stability theory for hybrid dynamical systems [J]. IEEE Trans. Automat. Contr., 1998, 43(4): 464-474.

[36] Michel A N. Recent trends in the stability analysis of hybrid dynamical systems [J]. IEEE Trans. Circuits Syst. I, 1999, 46(1): 120-134.

[37] Wick M A, Peleties P, Decarlo R A. Switched controller synthesis for the quadratic stabilization of a pair of unstable linear systems [J]. European J. Contr., 1998, 4: 140-147.

[38] Bo H, Xu P, Antsaklis P J. Stability analysis for a class of nonlinear switched systems [C]// Proc. 38th IEEE Conf. Decision and Control. Phoenix, 1999: 4374-4377.

[39] Wick M A, Peleties P, Decarlo R A. Construction of piecewise Lyapunov functions for stabilizing switched systems [C]// Proc. 33rd IEEE Conf. Decision and Control. Lake Buena Vista, 1994: 3492-3497.

[40] Peleties P, Decarlo R A. Asymptotic stability of m-switched systems using Lyapunov -like functions [C]// Procedding of the 1991 American Control Conference, Boston MA 1991: 1679-1684.

[41] Malmborg J, Bernhardsson B, Åström K J. A stabilizing switching scheme for multi-controller systems [C]//Proc. 13th IFAC, 1996: 229-234.

[42] Johan Eker, Jörgen Malmborg. Design and implemantation of a hybrid control strategy [J]. IEEE Control Systems, 1999(1): 12-21.

[43] Johansson M, Rantzer A. Computation of piecewise quadratic Lyapunov functions for hybrid systems [J]. IEEE Trans. Automat. Contr., 1998, 43(4): 555-559.

[44] Pettersson S, Lennartson B. Exponential stability of hybrid systems using piecewise quadratic Lyapunov functions resulting LMIs [C]// 14th World Congress of IFAC. Beijing, 1999: 103-108.

[45] Feeron E. Quadratic stabilization of switched systems via state and output feedback[M]. Technical report CICS-P-468,MIT,1996.

[46] Skafindas E,Evans R J,Savkin A V,et al. Stability results for switched controller systems[J]. Automatica,1999,35(4): 553-564.

[47] Zadeh L A. Fuzzy Sets[J]. Information and Control,1965,8:338-353.

[48] Zadeh L A. Fuzzy sets and applications: selected papers[M]. Wiley-Interscience,1987.

[49] Mamdani E H. Applications of fuzzy algorithms for simple dynamic plant [C]//Proc. Inst. Elect. Eng.,1974,121(12): 1585-1588.

[50] Mamdani E H,Assilian S. An experiment in linguistic synthesis with a fuzzy logic controller[J]. Int. J. Man Machine Studies,1975,7(1):1-13.

[51] Holmbad L P,Ostergaard J J. Control of a cement kiln by fuzzy logic,fuzzy information and decision processes[M]. The Netherlands: North-Holland, 1982:389-399.

[52] Yager R R. On order weighted averaging aggregation operators in multi-criteria decision making[J]. IEEE Transactions on Systems, Man, and Cybernetics,1998,18:183-190.

[53] 科斯科. 模糊工程[M]. 黄崇福,译. 西安: 西安交通大学出版社,1999:1-200.

[54] 王立新. 自适应模糊系统与控制:设计与稳定性分析[M]. 北京: 国防工业出版社,1995.

[55] 王宏伟,马广富,王子才. 模糊辨识理论与应用研究[J]. 系统仿真学报, 2000,12(3): 87-90.

[56] Tanaka T,Sugeno M. Fuzzy identification of systems and its applications to modeling and control[J]. IEEE Trans. Syst.,Man,and Cyber. 1985,15:116-132.

[57] Cao G S,Rees N W,Feng G. Analysis and design for a class of complex control systems:Part Ⅰ,Ⅱ[J]. Automatica,1997,33(6):1017-1028.

[58] Feng G,Cao S G,Rees N W,et al. Design of fuzzy control systems with guaranteed stability[J]. Fuzzy Sets and Systems,1997,85(1):1-10.

[59] Tanaka K, Sugeno M. Stability analysis and design of fuzzy control systems [J]. Fuzzy Sets and Systems, 1992, 45: 135-156.

[60] Chen C L, Chen P C, Chen C K. Analysis and design of fuzzy control system [J]. Fuzzy Sets and Systems, 1993, 57: 125-140.

[61] Tanaka K, Sano M. A robust stabilization problem of fuzzy control systems and its application to backing up control of a truck-trailer [J]. IEEE Tran. Fuzzy Systems, 1994, 2(2): 119-134.

[62] Kim W C, Alm S C, Kwon W H. Stability analysis and stabilization of fuzzy state space models[J]. Fuzzy Sets and Systems, 1995, 71: 131-142.

[63] Kim E T, Lee H J. New approaches to relaxed quadratic stability condition of fuzzy control systems[J]. IEEE Trans. Fuzzy Systems, 2000, 8(5): 523-533.

[64] 孙增圻. 基于模糊状态模型的连续控制器设计和稳定性分析[J]. 自动化学报, 1998, 24 (2): 212-216.

[65] Tanaka K, Sugeno M. Fuzzy stability criterion of a class of nonlinear systems [J]. Information Science, 1993, 70(1): 1-26.

[66] Ma X J, Sun Z Q. Analysis and design of fuzzy controller and fuzzy observer [J]. IEEE Trans. Syst., Man, and Cyber., 1998, 6(1): 41-45.

[67] 刘向杰, 周孝信. 模糊控制在电厂锅炉控制中的应用现状及前景[J]. 电网技术, 1998, 12: 544-547.

[68] Kiriakidis K, Grivas A, Tzes A. A sufficient criterion for stability of the takagi-sugeno fuzzy model[C]//The 5th IEEE Int. Confer. on Fuzzy Systems, Hyatt Regency. New Orleans, 1996: 277-281.

[69] Kiszka J B, Gupta M M. Energetistic stability of fuzzy dynamic systems[J]. IEEE Trans. Syst., Man, and Cyber., 1985, 15 (6): 783-792.

[70] Boyd S, Ghaoui E L, Feron E, et al. Linear matrix inequalities in systems and control theory[M]. Philadelphia, PA: SIAM, 1994.

[71] Zhao J, Wertz V, Gorez R. Linear TS fuzzy model based robust stabilizing controller design[C]//IEEE Conf. on Decision and Control. New Orleans, 1995: 255-260.

[72] Tanaka K, Ikede T, Wang H. Robust stabilization of a class of uncertain non-

linear system via fuzzy control: quadratic stability, H_∞ control theory and linear matrix inequalities[J]. IEEE Trans. on Fuzzy Systems, 1996, 4(1): 1-13.

[73] Tanaka K, Ikede T, Wang H. Fuzzy regulator and fuzzy observers: relaxed stability conditions and LMI-based design[J]. IEEE Trans. on Fuzzy Systems, 1998, 6(2): 250-265.

[74] Tanaka K, Ikede T, Wang H. A unified approach to controlling chaos via an LMI-based fuzzy control system design[J]. IEEE Trans. on Circuit and Systems I: fundamental theory and applications, 1999, 45 (10): 1021-1040.

[75] Tanaka K, Hori T, Wang H. A fuzzy Lyapunov approach to fuzzy control system design[C]//Proc. Amer. Contr. Conf.. Arlington, 2001: 4790-4795.

[76] Cao S G, Rees N W, Feng G. Quadratic stability analysis and design of continuous time fuzzy control systems[J]. Int. J. Systems Science, 1996, 27(2): 193-203.

[77] Cao S G, Rees N W, Feng G. Stability analysis and design for a class of continuous time fuzzy control systems[J]. Int. J. control, 1996, 64(6): 1069-1087.

[78] Cao S G, Rees N W, Feng G. "Model-free" stability analysis for continuous time fuzzy control systems[C]//The 5th IEEE Int. Confer. on Fuzzy Systems, Hyatt Regency. New Orleans, 1996: 1532-1538.

[79] Cao S G, Rees N W, Feng G. Fuzzy control of nonlinear discrete time fuzzy [C]//The 5th IEEE Int. Confer. on Fuzzy Systems, Hyatt Regency. New Orleans, 1996: 265-271.

[80] Cao S G, Rees N W, Feng G. Lyapunov like stability theorems for discrete time fuzzy control systems[J]. Int. J. System Science, 1997, 28(3): 297-308.

[81] Cao S G, Rees N W, Feng G. *H* control of nonlinear continuous time systems based on dynamical fuzzy models[J]. Int. J. Systems Science, 1996, 27(9): 823-830.

[82] 耿晓军,席裕庚. 基于 HM 非线性模型的滚动时域 H_∞ 控制[J]. 自动化学报,2000,26(1):68-73.

[83] 吴忠强,许世范,岳东.模糊控制系统稳定性的分析与综合[J].计算机自动测量与控制,2001,9(6):19-22.

[84] 张金明,李人厚,张平安.模糊系统稳定性[J].系统工程与电子技术,2000,22(1): 30-34.

[85] Tanaka K, Wang H O. Fuzzy control systems analysis and design: a linear matrix inequality approach[M]. New York: Wiley,2001.

[86] Melin C, Vidolov B. A fuzzy PD-like scheme for two underactuated planar mechanisms[C]// Proceedings of the 2000 IEEE Intl. Conf. on Fuzzy systems, San Antonie, Texas, 2000:792-797.

[87] Kosaki T. Model-based fuzzy control system design for magnetic bearings [C]// Proc. IEEE 6th Int. Conf. Fuzzy Syst.. Barcelona, 1997:895-899.

[88] Hong S, Langari R. Synthesis of an LMI-based fuzzy control system with guaranteed optimal H_∞ performance[C]// Proc. FUZZY-IEEE, 1998:422-427.

[89] Chen P H. A scheme of fuzzy training and learning applied to Elebike control system[C]// Proceedings of the 2000 IEEE Intl. Conf. on Fuzzy systems, San Antonie, Texas, 2000:810-816.

[90] Rainer P, Dimiter D. Fuzzy switched hybrid systems: modeling and identification[C] Proc. of the 1998 IEEE ISIC/CIRA/ISAS Joint Conference. Gaithersburg, 1998:130-135.

[91] Tanaka K, Masaaki I, Wang H O. Switching control of an R/C hovercraft: stabilization and smooth switching [J]. IEEE Trans. Syst., Man, and Cyber., 2001,31(6):853-863.

[92] Doo J C, PooGyeon P. State feedback controller design for discrete-time switching fuzzy systems[C]// Proceedings of the 41st IEEE Conf. on Decision and Control. Las Vegas, 2002:191-196.

[93] Doo J C, SeungS L, PooGyeon P. Output-feedback H_∞ control of discrete-time switching fuzzy systems[C]// Proceedings of the 2003 IEEE International Conf. on Fuzzy Systems. Missourui, USA, 2003:441-446.

[94] Doo J C, PooGyeon P. Guaranteed cost controller design for discrete-time switching fuzzy systems[J]. IEEE Trans. on Systems, Man & Cybernetics:

Part A,2004,34(2):110-119.

[95] Hiroshi O,Kazuo T,Wang H O. Switching fuzzy control for nonlinear systems [C]//Proc. of the 2003 IEEE International Symposium on Intelligent Control. Houston,2003: 281-286.

[96] Tanaka K,Iwasaki M,Wang H O. Stability and smoothness conditions for switching fuzzy systems[C]//Proc. of the 2000 American control Conference,Piscataway,NJ,2000: 2474-2478.

[97] Liberzon D. Switching in Systems and Control [M]. Birkhauser, Boston, 2003.

[98] Brockeet R W. Hybrid models for motion control systems [D]. Essays in Control,Boston,MA: Birkhauser,1993.

[99] Jeon D,Tomizuka M. Learning hybrid force and position control of robot manipulators[J]. IEEE Trans. Robotics Automat. 1996,9(4): 423-431.

[100] Artstein Z. Examples of stabilization with hybrid feedback in hybrid systems Ⅲ: verification and control [J]. Lecture Notes in Computer Science,1996, 1066: 173-185.

[101] Wang H O,Tanaka K,Griffin M F. An approach to fuzzy control of nonlinear systems: stability and design issues[J]. IEEE Transaction on Fuzzy Systems,1996,4(1): 14-23.

[102] Tanaka K,Ikede T,Wang H O. An LMI approach to fuzzy controller designs based on therelaxed stability conditions[C]// Thc Proc. IEEE Int. Conf. Fuzzy Syst. Barcelona,1997:171-176.

[103] Tanaka K,Sano M. Fuzzy stability criterion of a class ofnonlinear systems [J]. Information Science,1993,71: 135-156.

[104] 何希勤.一类多变量模糊系统稳定性分析及其应用研究[D].沈阳:东北大学,2000.

[105] Cannon R H. Dynamics of physical systems[M]. New York:McGraw-Hill, 1967.

[106] Wang W J,Sun C H. Relaxed stability and stabilization conditions for a T-S fuzzy discrete system[J]. Fuzzy Sets and Systems,2005,156: 208-225.

[107] Cao Y Y, Lin Z L. A descriptor system approach to robust stability analysis and controller synthesis [J]. IEEE Trans. Automat. Contr., 2004, 49(11): 2081-2084.

[108] 王立新. 模糊系统与模糊控制教程[M]. 北京：清华大学出版社, 2003: 121-132.

[109] Zames G. Feedback and optimal sensitivity: model reference transformations, multiplicative seminorms, and appropriate inverses [J]. IEEE Trans. Automat. Contr., 1981, 26(2): 301-320.

[110] Glover K, Doyle J C. State-space formulae for all stabilizing controllers that satisfy an H_∞-norm bound and relations to risk sensitivity [J]. Systems & Control Letters, 1988, 11(3): 167-172.

[111] Doyle J C, Glover K, Khargonekar P P, et al. State-space solutions to standard H_2 and H_∞ control problems [J]. IEEE Trans. Automat. Contr., 1989, 34(8): 831-847.

[112] Isidori A, Astofi A. Disturbances attenuation and H_∞ control via measurement feedback in nonlinear systems [J]. IEEE Trans. Automat. Contr., 1992, 37(8): 1283-1293.

[113] Khargoneker P P, Pertersen I R, Zhou K M. Robust stabilization of uncertain linear systems: quadratic stability and H_∞ control theory [J]. IEEE Trans. Automat. Contr., 1990, 29(1): 1-10.

[114] Chen B S, Tseng C S, Uang H J. Mixed H_2/H_∞ fuzzy output feedback control design for nonlinear dynamic systems: An LMI approach [J]. IEEE Transaction on Fuzzy Systems, 2000, 8(2): 249-265.

[115] Zhang N, Feng G. H_∞ output feedback control design of fuzzy dynamic systems via LMI [J]. Acta. Automatica Sinica, 2001, 27(4): 495-509.

[116] Lee K R, Jeung E T, Park H B. Robust fuzzy H_∞ control for uncertain nonlinear systems via state feedback: an LMI approach [J]. Fuzzy Sets and Systems, 2001, 120: 123-134.

[117] Tseng C S, Chen B S, Uang H J. Fuzzy tracking control design for nonlinear dynamic systems via T-S fuzzy model [J]. IEEE Transactions on Fuzzy Sys-

tems,2001,9(3): 381-392.

[118] Cao S G,Rees N W,Feng G. H_∞ control of uncertain fuzzy continuous-time systems[J]. Fuzzy Sets and Systems,2000,115(2): 171-190.

[119] Barmish B R,Corless M J,Leitmann G. A new class of stabilizing controllers for uncertain dynamical systems[J]. SIAM J. Contr. Optimiz.,1983,21,246-255.

[120] Leitmann G. On the efficacy of nonlinear control in uncertain linear systems[J]. ASME J. on Dynamic Systm. Meas. and Control,1981,103:95-102.

[121] Hasanul B,Mukundan A M R,Connor D A O. Memoryless feedback control in uncertain dynamic delay system[J]. International J. of Syst. Sci.,1986,17,409-415.

[122] Leitmann G. Guaranteed asymptotic stability for some linear systems[J]. Measurement and Control,1979,101:212-216.

[123] Petersen I R,Hollot C V. A Riccati equation approach to the stabilization of uncertain linear systems[J]. Automatica,1986,22:397-411.

[124] Petersen I R. Disturbance attenuation and H_∞ optimization: a design method based on the algebraic Riccati equation[J]. IEEE Transitions on Automatic Control,1987,32:427-429.

[125] 倪茂林,吴宏鑫. 线性不确定系统的鲁棒控制器设计[J]. 自动化学报,1992,18(5): 585-589.

[126] Steinberg A,Corlcss M. Output feedback stabilization of uncertain dynamical systems[J]. IEEE Transitions on Automatic Control,1985,30(10):1025-1027.

[127] Li Z G,Wen C Y,Soh Y C. Stability of perturbed switched nonlinear systems[C]// Proceedings of the American Control Conference. San Diego,1999: 2969-2973.

[128] 张霄力,范玉顺. 一类不确定线性切换系统的鲁棒控制器设计[J]. 清华大学学报:自然科学版,2004,44(1): 126-129.

[129] Kiendl H,Ruger J J. Stability analysis of fuzzy control systems using facet function[J]. Fuzzy Sets and Systems,1995,70(2): 275-285.

[130] Tanaka K, Sano M. Concept of stability margin for fuzzy systems and design of robust fuzzy controllers[C]//Proc. 2nd IEEE Int. Conf. Fuzzy System. San Francisco, 1993: 29-34.

[131] Tanaka K, Sano M. A robust stabilization problem of fuzzy control systems and its application to backing up control of a truck-trailer[J]. IEEE Trans. Fuzzy Systems, 1994, 2(2): 119-134.

[132] Tanaka K, Wang H O. A multiple Lyapunov function approach to stabilization of fuzzy control systems[J]. IEEE Trans. Fuzzy Systems, 2003, 11(4): 582-589.

[133] Chang W, ParkJ B, Joo Y H. Static output-feedback fuzzy controller for chen's chaotic system with uncertainties[J]. Information Sciences, 2003, 151: 227-244.

[134] Kiriakidis K. Non-linear control system design via fuzzy modeling and LMIs[J]. Int. J. Control, 1999, 72: 676-685.

[135] Teixeira M C M, Zak S H. Stabilizing controller design for uncertain nonlinear systems using fuzzy models [J]. IEEE Trans. Fuzzy Syst., 1999, 7: 133-142.

[136] Zheng F, Frank P M. Robust controller design for uncertain nonlinear systems via fuzzy modeling approach with application to the stabilization of power systems [J]. Eur. J. Control, 2002, 8: 535-550.

[137] Zheng F, Wang Q G, Lee T H. Adaptive and robust controller design for uncertain nonlinear systems via fuzzy modeling approach[J]. IEEE Trans. Syst., Man, and Cyber., 2004, 34(1): 166-178.